Christoph T. M. Krause

Der Trommelwähler – Band 4

Zeitgeist – Der Urvater der Nachhaltigkeit

Über dieses Buch.

Bereits in den ersten drei Bänden zum Trommelwähler, einem Designtelefon der 1950er Jahre, hat uns der Autor bereits mit vielen Aspekten dieses besonderen Kleinods an Technik und Design bekannt gemacht.

Nach einem Einblick in seinen Aufbau und Funktion in Band 1, beschäftigte sich Krause im zweiten Band mit seiner Patentgeschichte. Im dritten Band ging es z. B. um das Thema Sammelleidenschaft und die verzweifelte Suche von Sammlern, alle existierenden Farben zu ergattern.

Band 4 dreht sich nun um die kleinen Dinge, wie wurden beispielsweise die Ziffern auf der Wähltrommel konzipiert und wie kommt es, dass diese nach über 70 Jahren immer noch wie neu aussehen?! Auch zeigt der Autor auf, dass der Trommelwähler zum Urvater von technologischer und ideeller Nachhaltigkeit wurde und wodurch er diese inoffizielle Auszeichnung erlangte.

Kommen Sie mit in die spannende Welt alter Telefone, die uns über ein ganzes Jahrhundert zentral begleiteten und heutzutage so weit vergessen sind, dass junge Leute noch nicht einmal mehr wissen, wie man diese Wunderwerke bedient.

Weitere Romane und Sachbücher des Autors Christoph T. M. Krause: www.kaybook.de

Christoph T. M. Krause

Der Trommelwähler – Band 4

Zeitgeist

Der Urvater der Nachhaltigkeit

**Bibliografische Information der Deutschen
Nationalbibliothek:**
Die Deutsche Nationalbibliothek verzeichnet diese Publikation in der
Deutschen Nationalbibliografie; detaillierte bibliografische Daten sind
im Internet über http://dnb.d-nb.de abrufbar.

INHALT

„*Nachhaltigkeit ist nicht nur eine Option.*
Es ist eine Notwendigkeit."

Ban Kimoon, Generalsekretär der Vereinten
Nationen a. D., im Amt 1.1.2007 - 31.12. 2016

Der Steckbrief.

* Insgesamt hergestellt (nur) ca. 50.000 Stück,
  im Werk Bocholt (Werksbezeichnung: 11, zu
  finden auf der unteren Seite des Chassis (unter
  dem Telefon), zur Kennzeichnung des Telefons.

* FgTist 261 (Bakelitversion) 1950-1952,
  FgTist 264 (Thermoplastversion) 1952-1955.

* Neuartiges Design, Hörer vertikal <u>vor</u> der
  Wähltrommel positioniert,
  (im Gegensatz zu: hinter der Drehwählscheibe).

* Telefongerät als Tischvariante,
  (im Gegensatz zu Wandgeräten).

* Hörer, der kürzer konstruiert wurde,
  um die Akustik zu verbessern.

* „Unauffällige" und geschlossen-schlanke
  Formschönheit, (der Nachfolger FgTist 282 wurde vom
  MOMA in New York wegen seines Designs „geadelt" und
  dort in seine Designausstellung aufgenommen).

* <u>Wähltrommel</u> statt Wählscheibe.

* Chassis aus Leichtmetallspritzguss.

* Glockenton, erzeugt von <u>zwei</u> Glockenschalen.

* Kabel, flexibel m. Kabelschuhen angeschlossen.

* Geflochtene PVC-Hörerschnur, der Telefonfarbe
  farblich angeglichen.

❖ Eine elfenbeinfarbene Taste zur Weiterleitung
(Erdtaste), immer links. Zusätzlich bei manchen
Geräten: eine Laut/Leise-Taste für den Hörer,
immer rechts.

❖ Maße: 13,5 cm breit, 18 cm tief, 16 cm hoch, an
der höchsten Stelle am aufliegenden Hörer.

❖ Gewicht 1,9 KG (Bakelit)
Gewicht 1,7 KG (Thermoplast).[1]

❖ „Farben" (Bakelit) Schwarz und Elfenbein,
Farben (Thermoplast): Maronrot (Dunkelrot),
Hell- oder Kirschrot, Dunkelgrün, Hellgrün
oder auch Resedagrün genannt.

---

[1] Gewogen zusammen mit den an den Telefonen angeschlossenen Hörer-
und Wandanschlusskabeln, auf einer quadratischen, elektronischen Körper-
waage, wobei das Gros der Kabel außerhalb der Waage lag und nicht mitgewogen wurden. Da das kurze Stück der jeweiligen beiden Kabel, von der
Waagenmitte bis zum Rand, bei beiden Telefonvarianten mitgewogen wurde,
hebt sich das Gewicht der mitgewogenen Kabel gegeneinander auf (ca. jeweils 50 gr.).

Vorwort.

Die Recherche zu meinen Büchern über den Trommelwähler begann im Jahre 2020, kurz, nachdem Corona die Welt in seinen festen Griff nahm. Das Siemens-Archiv[2], von dem ich mir eine Menge Basis- und Fachwissen erhoffte, war auf unbestimmte Zeit geschlossen und „nach" Corona, im Jahr 2023, wurde es umgebaut und renoviert, so dass ich über Jahre keinen Zugang erlangen konnte. Ein zusätzliches Problem gab es für mich persönlich, denn ich muss für einen Archivbesuch von Köln nach Berlin reisen und das ließ meine berufliche Haupttätigkeit nur selten zu. Wie sich leider im Juni 2024 herausstellte, dauert die Schließung durch Umbau immer noch für unbestimmte Zeit an.

So sind inzwischen vier Jahre ins Land gegangen und, immer noch, erwarte ich große Schätze, die ich bislang noch nicht aus dem Archiv heben konnte. Wann es wieder so weit sein wird, steht leider in den Sternen. Insbesondere hätte mich die Frage interessiert, welche Überlegungen sich die Siemens-Konstrukteure zu so manchem Detail machten, als sie dieses Kleinod „Trommelwähler", mit dem offiziellen Namen FgTist 261/ 264, entwarfen?

Die meisten Teile dieses einmaligen Telefongerätes sind selbstevident. Man kann sich durchaus, ohne Kenntnisse der Konstruktionspläne zu haben, einige Dinge selbst erklären, z.B. warum liegt der Hörer gerade <u>vor</u> der Wähltrommel und nicht, wie bei den

---

[2] Offizieller Name: Siemens Historical Institute.

meisten Telefonen, die in dieser Zeit weltweit auf dem Markt waren, quer?

<u>Vorteil</u>: Er ist aus jeder Richtung und mit der linken oder rechten Hand gleich aufnehmbar, ohne ihn drehen zu müssen. Denn liegt er quer, kann er mit der Hörmuschel links oder rechts platziert sein und ist man z.B. Rechtshändler, muss man ihn evtl. herumdrehen, um die Hörmuschel oben rechts am Ohr zu haben oder man muss die Hand verdrehen, um ihn richtig aufzugreifen.

Abb. 1

Der <u>Nachteil</u> bei einer horizontalen Hörerauflage ist, man sieht die Wähltrommel, bzw. die zu betätigenden Ziffern nicht direkt, erst, wenn der Hörer aufgenommen ist, kann man sie erkennen. Dieser Nachteil ist allerdings ein minimales Problem, an das man sich schnell gewöhnt.

Abb. 2

Ein anderes selbsterklärendes Moment bei der Frage, warum liegt der Hörer nicht quer auf, wäre die Tatsache, dass das Telefon nun insgesamt schmaler ist und weniger Platz auf dem Schreibtisch einnimmt.

Bei der Frage, wie bzw. mit welchen Mitteln sind die Wählziffern auf die Trommelhülle aufgebracht, wird es schon kniffliger. Bei meiner Recherche hierzu stellte ich fest, dass über Fragen wie diese, keinerlei Aufzeichnungen existieren, außer im später behandelten Patentantrag; offenbar hat sich bislang niemand Gedanken darüber gemacht oder ist davon ausgegangen, dass diese Ziffern erwartungsgemäß aufgemalt oder geklebt wurden. Überdies sind seit der Konstruktion ca. 70 Jahre vergangen und es wird keiner der Konstrukteure noch leben, um eine Antwort aus erster Hand zu geben.

Nun taucht die bereits geplante Frage, für meinen Besuch im Siemens Archiv Berlin, wieder auf, was „bietet" „Das Siemens Historical Institute" hierzu an? Wann diese Frage, von Seiten des Archivs, beantwortet werden kann, ist im Juni 2024 immer noch ungewiss.

Auf ein satirisches Vorwort.

Ich bin ein Sammler, wie viel andere. Wir zeichnen uns aus durch unlogische, krankhafte, unnötige und halsbrecherische Verhaltensweisen, die einem Junkie nahe kommen. Ja, man könnte sagen, dass wir regelrecht krank sind, krank nach Besitz und „Habenwollen". Unser Begehr macht keinen Sinn, weil wir Geräte sammeln, die niemanden mehr interessieren und was erschwerend hinzu kommt, niemand mehr nutzt!

Auf die normale Frage, die ich häufig, in meinem Beruf, meinen Kund:innen stelle,

„Geben Sie mir bitte Ihre Festnetznummer."

(schon allein diese Frage kommt mir seltsam vor: Festnetztelefon! Früher reichte die Frage: „Geben Sie mir bitte Ihre Telefonnummer.")

folgt prompt die fast ungehaltene Antwort:

„Wir haben kein Festnetz!"

(womit oft nicht die Leitung, sondern das Gerät gemeint ist, denn das Festnetz ist meist noch ratsam, um darüber DSL, also Internet oder WLAN zu betreiben).

Diese Menschen erachten ein Festnetztelefon als eine überflüssige Sache, wahrscheinlich, weil sie mit ihrem Handy (bzw. Smartphone) mobil sind und sein wollen und jegliches Kabel als Hindernis und ein Zeichen von Unfreiheit ansehen. Oft ist die Verbindung über Handy aber schlecht und gestört, weil dicke Hauswände den Empfang stark beeinträchtigen (können).

Fragt man also diese Leute nach dem Festnetz oder präziser nach der Festnetznummer, wird man fast mitleidig als „old school" angesehen und ich kann es förmlich hören, wie sie denken:

‚Was für ein alter Mann ist das denn?!'

Ich, als doofer alter Mann, der auch noch ein doofer Sammler von alten Telefonen ist, weiß, was ich an meiner Leidenschaft habe und stelle mir dann meinen schönen „kreischroten" Trommelwähler vor, für den ich bis nach Timbuktu fahren würde, wenn ich nicht das Glück gehabt hätte, ihn von einem „verrückten" (ein Zitat von ihm selbst) Sammlerkollegen erstehen zu können.

Wer hätte also gedacht, dass Dinge, die über ein Jahrhundert State of the Art waren, sang- und klanglos und ohne, dass ihnen irgendjemand nur eine Träne nachweint, gefühlt, von heute auf Morgen, verschwunden sind?!

Der kirschrote Trommelwähler entschädigt mich für all das! Er hat das alles mutig und in aller Gelassenheit überdauert und er wird noch da sein, wenn diese Ignoranten längst nicht mehr unter uns weilen!

Zeitgeist.

Zeitgeist ist ein Begriff, der so einzigartig gesellschaftliche Zustände und Befindlichkeiten bezeichnet, dass er weltweit bekannt und sogar in die englische Sprache als Lehnwort eingegangen ist. Eine Defintion des: *„Collins English Dictionary. Copyright © HarperCollins Publishers"* sagt hierzu:

„The spirit, attitude or general outlook of a specific time or period, esp as it is reflected in literature, philosophy, etc."

Auf Deutsch: Der Geist (oder vielleicht auch wiederum ein englisches Lehnwort: *Spirit), das allgemeine Erscheinungsbild einer bestimmten Zeit oder Periode, insbesondere, wie sie in Literatur, Philosophie usw. widergespiegelt wird.*

Eine Künstliche Intelligenz[3] weiß, was dieser Begriff bedeutet und antwortet auf die Frage des Autors: *„Erkläre, was bedeutet Zeitgeist in Bezug auf die 1950er Jahre"*, (Rechtschreibung der Antwort wurde angepasst):

**„Der Begriff ‚Zeitgeist' bezieht sich auf das allgemeine kulturelle, intellektuelle, ethische und politische Klima oder die Stimmung einer bestimmten Epoche. In Bezug auf die 1950er Jahre, kann der*

---

[3] Openai ChatGPT 2024 / Modell X = GPT-4 (chat-gptx.de),
Persönliche Kommunikation, 20. Juni 2024.

Zeitgeist durch verschiedene Merkmale und Entwicklungen charakterisiert werden:

Wirtschaftlicher Aufschwung:

Nach dem Zweiten Weltkrieg erlebten viele westliche Länder, insbesondere die USA und Westeuropa, einen wirtschaftlichen Boom. Es war eine Zeit des Wiederaufbaus und des Wachstums, was zu einem erhöhten Lebensstandard führte.

Kalter Krieg:

Die geopolitische Spannung zwischen den USA und der Sowjetunion prägte das Jahrzehnt. Diese Ära war von Misstrauen, Wettrüsten und ideologischen Konflikten geprägt.

Konsumkultur:

Mit dem wirtschaftlichen Aufschwung kam auch eine verstärkte Konsumkultur. Haushaltsgeräte, Autos und andere Konsumgüter, wurden zunehmend erschwinglich und weit verbreitet.

Traditionelle Geschlechterrollen:

Die 1950er Jahre waren geprägt von traditionellen Geschlechterrollen, wobei Männer oft als Ernährer und Frauen als Hausfrauen gesehen wurden.

Popkultur:

Musik (wie Rock 'n' Roll), Film (Hollywoods goldene Ära) und Mode (z.B. Petticoats) spielten eine große Rolle im Alltag der Menschen.

Technologischer Fortschritt:

Es gab bedeutende technologische Fortschritte in Bereichen, wie Raumfahrt (Beginn des Weltraumzeitalters), Medizin und Kommunikation.

Suburbia:

In vielen westlichen Ländern zogen Familien in neu gebaute Vororte, was zu einer Veränderung der städtischen Landschaft führte.

Bürgerrechte:

In den USA begann die Bürgerrechtsbewegung an Fahrt zu gewinnen, obwohl sie ihren Höhepunkt erst in den 1960er Jahren erreichte.

Der Zeitgeist der 1950er Jahre war also eine Mischung aus Optimismus aufgrund des wirtschaftlichen Wachstums, aber auch von Spannungen, aufgrund geopolitischer Konflikte und sozialen Veränderungen."*

Schauen wir uns nun an, was das für unseren Trommelwähler bedeutet haben könnte:

Der **wirtschaftliche Boom** der 1950er Jahre war ein erstaunliches Phänomen, denn erst 1945 hatte das gesamte Land in Schutt und Asche gelegen. Durch die Unterstützung, vor allem der amerikanischen Siegermächte, wurde dieser Wirtschaftserfolg im Nachkriegsdeutschland aber erst möglich.

Alles war sozusagen „auf Neuanfang" gesetzt und so wurden auch neue, innovative Konzepte aufgelegt und umgesetzt, die es bis dato nie gegeben hatte. Man erhoffte sich von diesen unerwarteten Neuerungen hohe **Umsatzrenditen**, eben weil diese die Euphorie der „Stunde Null" zu befeuern schienen.

Neues Design und das Überkommen alter Strukturen, Formen und Farben galten als „der letzte Schrei" und zeugten von der großen Aufbruchsstimmung im wieder aufzubauenden Land.

Hinzu kam die zunehmende **Konsumhaltung**, nach den vielen Jahren der Entbehrung, des Hungers und der Lebensmittel- und Alltagsknappheit. Produkte wurden wieder erschwinglich und erfreuten sich **weiter Verbreitung**. Beispiele dieser landesweiten, rasanten Weiterentwicklung sind beispielsweise das Automobil oder das Fernsehen, die das Angesicht unserer Gemeinschaft in nicht abzusehendem Maße veränderte. Letztlich waren jene Gegenstände des Alltags beliebt, die vor allem in irgendeiner Weise dem neuen Geist des Aufbruchs und der Veränderung frönten. Der Trommelwähler war nicht nur neu als Telefon, sondern hatte eine ungewöhnliche, neuartige Form, evtl. auch Farbe und ebenso eine Art von Bedienung, die die neu gewonnene Freude am Leben bereicherte und begleitete. Diese neue Bedienform, anstatt Nummernscheiben-Fingerlöcher mit ihren jeweiligen Ziffern beim Wählen im Uhrzeigersinn zu drehen, war nun eine Bewegung nach unten, wurde damit sozusagen in die eigene Herzgegend verlegt. Dieses Umgestalten von jahrzehntelangen Gewohnheiten, über die lange kein Mensch mehr nachdachte, eröffnete nun neue emotionale Bezugspunkte, die es bislang in dieser Form nicht gegeben hatte.

Das kompakte, Platz sparende Moment eines zentralen technischen Heimgegenstandes, der zu dieser Zeit das Zentrum eines Büros oder Heims darstellte, das zusätzlich und völlig revolutionär, einen mit der „Welt da draußen", erneut in Kontakt mit anderen Menschen, Nationalitäten und Kulturen bringen konnte, war ein ganz wesentliches, emotionales Momentum für diesen Erfolg eines eigentlich simplen Telefongerätes. Der Trommelwähler ist von daher ein historisch bedeutsames Kleinod, das seine Blütezeit zwar eher in Büros und geschäftlichen Bereichen hatte, war aber gerade deswegen eher ein wichtiger Bestandteil und Befeuerer des neuen Wirtschaftserfolges, als nur ein privates Gadget.

Heute scheinbar längst vergessen, sogar tausendfach vernichtet oder einfach nur weggeschmissen, kommt er durch uns, die verrückten Sammler alter Telefone, zu seinem eigentlichen, ursprünglichen Recht:

Wir bestaunen und horten ihn, ja manche von uns mögen ihn wie eine antike Statuette verehren, allemal ist er und wird es noch lange bleiben, ein wahrer Urvater von technischer und emotionaler Nachhaltigkeit.

Nachhaltigkeit. Was ist das eigentlich?

Heute ist dieser Begriff in aller Munde und wird inzwischen hauptsächlich aus Umwelterwägungen heraus propagiert. Er bedeutet eigentlich „nur", dass je länger ein Produkt hält und funktioniert und deshalb im Einsatz bleibt, desto besser für unsere Umwelt, weil dann nicht wieder Ressourcen, wie Rohstoffe, Plastik oder wertvolle Metalle produziert oder angekauft werden müssen. Jede Art von Produktion erzeugt einen schädlichen CO_2-Abdruck, den wir uns, in Summe, immer weniger leisten dürfen. Je länger also ein Produkt hält, desto besser für die Belastung der Umwelt und im Umkehrschluss für unser Portemonnai.

Zu Zeiten, als Rohstoffe, wie Öl, noch sehr billig waren, brauchte man auf diese Prämissen nicht zu achten, alles schien hinreichend und langfristig verfügbar zu sein. Auf der anderen Seite hatte man allerdings in den Nachkriegsjahren auch umgedacht bzw. umdenken müssen, weil eben nach der Stunde Null nicht alles und ausreichend verfügbar und wenn doch, nahezu unerschwinglich war, z.B. Möbel oder Kleidung etc. Möbel mussten ein Leben lang halten und so war die Nachhaltigkeit dieser Zeitepoche eher monetär begründet und hatte mit Umweltschutz gar nichts zu tun.

Im Falle von Telefonen aus dieser Zeit, beachtete man akribisch, dass auch diese Geräte sehr lange halten sollten, um teure Rohstoffe oder Materialien zu sparen oder auch um den Kunden mit Qualität und Haltbarkeit zu beeindrucken und zu überzeugen. Denn wäre ein Trommelwähler nach kurzer Zeit defekt gewesen, hätte ihn der Kunde/ die Kundin für qualitativ minderwertig betrachtet und nicht erneut angeschafft (und ebenso andere Geräte dieser Produktgruppe). Dieser Vorsatz wird sich, später im Buch, thematisch spezifisch bestätigen:

Die Ziffern der Wähltrommel sind so beschaffen, dass sie die vielen Betätigungen durch Anwenderfinger lange überstehen, ohne abzublättern oder zu verblassen.

Das Streben nach Nachhaltigkeit zur Zeit des Trommelwählers, war also zunächst aus der Not (der Nachkriegszeit) geboren, gleichzeitig und fortschreitend, aber auch aus Gründen der Qualitätssicherung und Kundenbindung initiiert worden. Das Thema Umwelt und ihr Schutz war damals noch nahezu unbekannt und wurde erst in späteren Jahrzehnten zum vorherrschenden Aspekt dieser Thematik bzw. der dann praktizierten Produktion.

Trotzdem und gerade deswegen, kann man den Trommelwähler als zumindest einen der Urväter bezeichnen, in den für den Mehrwert der Nachhaltigkeit vieles investiert und getestet wurde. Wir haben hier speziell ein kleines Beispiel kennengelernt, das aber von kardinaler Bedeutung ist:

Ziffern, die ansonsten bei Telefonen dieser und kommender Zeiten aufgedruckt oder aufgemalt waren, sind hier aus festem und haltbaren Material auf

kongeniale Weise auf- bzw. besser: in die Wähl-
fläche eingebracht worden, damit sie noch hundert
Jahre später ihre ursprüngliche Strahlkraft besitzen,
obwohl die innere Elektrotechnik, trotz schon un-
üblich langer Laufzeit, vielleicht schon aufgeben
musste.

Zumindest ist dies bis heute, schon über 70 Jahre,
der Fall.

Ein anderes Beispiel für Nachhaltigkeit beim Trommelwähler findet sich in der Art und Weise, wie das
Gerät zugänglich gemacht wurde. Heute sind Elek-
trogeräte oft so verschweißt, dass man sie nicht
mehr öffnen kann bzw. öffnen soll. Der Trommelwähler lässt sich mit zwei Schrauben an seinem
Chassisboden aufschrauben, die Haube lässt sich
entfernen und man hat Zugriff auf alle Aggregate
und Verschraubungen, die z.B. die Kabel befes-
tigen. Ist einmal ein Aggregat oder Kabel defekt,
kann man es problemlos, ohne viele Fach-
kenntnisse haben zu müssen, ersetzen und austau-
schen.

So arbeitet vielleicht ein Kondensatorblock nicht
mehr, zwei Schrauben, die ihn am Chassis befes-
tigen, sind in Sekunden zu lösen und umgekehrt der
neue Block ist ebenso flink reinstalliert. Selbst heute
noch, nach 70 Jahren, sind solche Kondensatoren
gebraucht, aber auch neu, diesmal in elektronischer
Platinenform, zu bekommen. Die Hör- und Sprech-
kapseln im Hörer sind ebenso schnell ausgewech-
selt.

So macht Nachhaltigkeit richtiggehend Spaß, wenn man sieht, wie vorausschauend, Ressourcen sparend und insgesamt kongenial dieses Gerät, auf engstem Raum, aber doch noch übersichtlich und anwenderfreundlich, gebaut wurde und Jahrzehnte überdauerte.

Ich selbst habe noch einen Trommelwähler täglich im Einsatz und manchmal stelle ich mir vor, wie viele Telefonate mit ihm wohl geführt worden sind, es werden viele Zigtausende sein.

Wenn dies nicht par excellence nachhaltig ist!

Ein über 70 Jahre altes Telefon zu einem Urvater der Nachhaltigkeit zu erklären, erscheint natürlich erst einmal übertrieben und Wissenschaftler oder Historiker, wenn sie denn überhaupt Expertise zu alten Telefonen haben sollten, schreien laut nach Beweisführungen.

Ein Beweis wäre es, wenn sich im Siemens-Archiv ein Vorhaben fände, das Nachhaltigkeit, im Sinne unseres heutigen Verständnisses, explizit zum Ziel erklärt hätte. Da dies nahezu unwahrscheinlich ist, habe ich hier ein provokatives Postulat aufgestellt, das jedoch durch Rückkehrschlüsse und nachträgliche Beobachtungen Nahrung gewinnt.

Wie bereits ausgeführt, ist Nachhaltigkeit heute zunächst einmal ein Modebegriff, der jedoch durch die Häufigkeit seiner Erwähnung, zum einen, Beleg für einen dringenden Bedarf ist, zum anderen aber oft den Nachweis für daraus folgende Handlungen vermissen lässt.

Zu der Zeit, als man noch nicht darüber geredet hatte, nämlich in der Zeit der „Geburt" des Trommelwählers, war das Thema Umweltschutz und CO_2-Abdruck noch keine Motivation für Dauerhaftigkeit und Qualität. Die erste Motivation war die Ressourcenknappheit und Kostenreduzierung, nämlich für den Fall, dass, ohne nachhaltiges Produzieren, ansonsten immer wieder dauerhaft Kosten entstanden wären, die die Rohstoffknappheit und Mehrkosten durch Reparatur befördert hätten. Denn damals wurde ein Telefon sozusagen gemietet, es gehörte dem Anwender nicht. Der Nutzer zahlte eine monatliche Grundgebühr für die Leitung bzw. den Anschluss und das Telefon wurde gleichsam kostenlos gestellt. Ging es kaputt, wurde es repariert oder ausgetauscht. Je länger es hielt, desto kostengünstiger war es.

Ebenso verhielt es sich in der DDR, nur viel länger, als im Westen. Denn die DDR hatte, aufgrund ihrer Planwirtschaft, große Engpässe, was Materialien und Rohstoffe anging. Lange Zeit wurden dort übliche, metallene Glocken (Klingeln) in den Telefonen durch gläserne ersetzt, um überhaupt Glocken einbauen zu können. Elektrische Geräte aller Art waren sehr darauf ausgerichtet, dass sie Jahrzehnte hielten. So haben viele ehemalige DDR-Bürger immer noch ihre Haushaltsgeräte aus den Anfängen der DDR.

So erkennt man nun, dass der Begriff „Nachhaltigkeit" im Allgemeinen, sehr verschiedene Kontexte hat und durchaus entsprechend unterschiedlich verstanden wird.

Zurück zum Trommelwähler:

Ein Telefon, das, auch wenn es heute nicht mehr gebraucht oder nur noch selten bei Sammlern im Einsatz ist, noch heute funktioniert, wird dadurch automatisch zum Symbol, zumindest eines Aspekts von Nachhaltigkeit und macht es den heutigen Konstrukteuren aller Alltagsprodukte deutlich, dass ihre Doktrin, alles muss höchst „endlich" sein und schnell durch etwas Neues ersetzt werden, längst den Zeitgeist unserer Zeit konterkariert.

Wie sieht Siemens seine Nachhaltigkeitsstrategie heute?

„Nachhaltigkeit beginnt bei der Produktion

Seit 2020 entwickeln und produzieren wir CO^2 neutral weltweit an allen Standorten der SEG GmbH (als Teil der BSH Hausgeräte GmbH).

Wir implementieren mehrere Energieeffizienz-Maßnahmen, um kontinuierlich die Qualität unserer CO^2-neutralen Produktion zu verbessern [sic!] indem wir zunehmend unsere eigene Energie generieren und somit die benötigten Kompensations-

zertifikate reduzieren. Unumgängliche CO^2-Emissionen setzen wir durch Carbon Credits ab." [4]

---

[4] Zitieren von Quellen im Internet. Siemens AG. URL: www.siemens-home.bsh-group.com/de/inspiration/marke-siemens/nachhaltigkeit. Status 15.06.2024.

Intermezzos. Eine kurze Einleitung.

In Teil 1 erfahren wir mehr über akademische Vorstellungen von „Nachhaltigkeit", verfasst von jemand, der es ganz genau weiß: Prof. Dr. Dr. Franz-Josef Brüggemeier aus Freiburg.

In Teil 2 berichtet Siemens, in seinem 51. Geschäftsbericht, für die Jahre 1947-1950, welche Herausforderungen es durch den Krieg und die Zeit danach zu bewältigen hatte, welche Pläne für die Zukunft vorlagen und wie es sich, in Bezug auf seine Geschäftsbereiche, aufstellte.

Vor allem in diesem Teil wird deutlich, wie viele Steine noch durch den Krieg im Wege standen, aber mit welcher Chuzpe die Weltfirma neu anpackte und welchen Schub dies für Innovationen und Investitionen bedeutete.

Nur dieses außergewöhnlich schwierige, aber doch zukunftsträchtige Setting ermöglichte genau den Boden, auf dem ein Trommelwähler entstehen konnte.

Zum Schluss, noch ein Hinweis zum Global Player Siemens, in Bezug auf sein orthografisches Auftreten in diesem Geschäftsbericht. Hierbei fällt auf, das die Siemens AG offensichtlich keinen Wert darauf legte, Rechtsschreibung und vor allem Interpunktion (hauptsächlich Kommasetzung), als etwas Wichtiges zu erachten, wenn es um die Außenwirkung seines Images geht. Die in diesem Bericht in großer

Zahl vorkommenden Fehler wurden hier mit dem üblichen Zeichen [sic!], lateinisch für *„sic erat scriptum“* = *„so wurde es geschrieben“* gekennzeichnet, auch um die Schwierigkeiten beim Lesen zu minimieren, denn Kommasetzung ist oft bedeutungsunterscheidend.

Die aus heutiger Sicht vorliegenden „Fehler“, die sich aus der „Neuen Rechtsschreibung“ (auch: Rechtschreibreform von 1991) ergeben, wurden hier ebenso mit [sic!] angemerkt, um den Geschäftsericht der heutigen Schreibweise anzupassen bzw. auf die Veränderungen hinzuweisen. Dies betrifft vorwiegend die Verwendung des „ß“. Die einfache Regel hierzu lautet, „ß“ steht, nach einem langen Vokal, wie in *„Gruß“* und „ss“, nach einem kurzen Vokal, wie in *„Kuss“*.

Eine weitere Besonderheit ist die jetzige Großschreibung bei bestimmten Wendungen, wie z.B. *„Im Weiteren“*, die vorher „klein“ geschrieben wurden: *„Im weiteren“*.

Intermezzo 1.
Nachhaltigkeit aus akademischer Sicht.

Dieser Passus Nr. 4 ist ein Auszug aus dem Artikel *„Nachhaltigkeit – Ein historischer Überblick"* von Prof. Dr. Dr. Franz-Josef Brüggemeier, Freiburg, 2012. [5]

"

4. Schöne, neue Welt? 1945 bis 1972

Politische und gesellschaftliche Stabilisierung

Nach dem Zweiten Weltkrieg begannen in Deutschland und den industrialisierten Ländern generell goldene Jahre. Besonders deutlich zu sehen waren diese am wirtschaftlichen Wachstum, das zur Zeit des Wirtschaftswunders jährlich mehr als fünf Prozent betrug. Danach ging es zwar zurück, fiel jedoch im Vergleich zu den Jahrzehnten davor weiterhin beeindruckend aus. Entsprechend stiegen Reallöhne und Lebenserwartung, die Arbeitszeit nahm deutlich ab, und Historiker stimmen darin überein, dass ab den 1950er Jahren von einer Konsumgesellschaft gesprochen werden kann.

Parallel dazu ging die Bedeutung von Ideologien zurück. Zwar standen sich im Kalten Krieg der Westen

---

[5] Weitere Angaben zu Autor und Text, siehe am Ende des Textes. Der Text ist hier unverändert abgebildet und enthält nur einen Hinweis auf einen grammatikalischen Druckfehler, gekennzeichnet durch [sic!].

und der Osten gegenüber, doch im Kern handelte es sich dabei um zwei konkurrierende Machtblöcke, weniger hingegen um einen Kampf von Ideologien, die Menschen mobilisieren konnten. Im Westen setzten sich vielmehr parlamentarische Demokratien durch, die vielfach, darunter in der Bundesrepublik, ihre Anerkennung erst noch erreichen mussten, zu denen es jedoch keine realistischen, von Mehrheiten gestützten Alternativen gab. Das schloss anhaltende Konflikte und hitzige politische Wahlkämpfe nicht aus, doch die neuen politischen Ordnungen erwiesen sich als ebenso stabil und nachhaltig wie die gesellschaftlichen Verhältnisse. Diese waren weiterhin von sozialen Ungleichheiten, verschiedenen Formen von Benachteiligungen – insbesondere von Frauen – und von anhaltenden Konflikten geprägt. Doch diese gingen nach und nach zurück und fielen vor allem deutlich geringer aus als im 19. Jahrhundert oder gar in den Zeiten vor der Industrialisierung. Dazu trug auch bei, dass der Sozialstaat weiter ausgebaut und zunehmend durch einen Wohlfahrtsstaat ersetzt wurde.

Fehlendes Umweltbewusstsein trotz Katastrophenmeldungen

Die Situation der Umwelt hingegen verschlechterte sich, denn mit dem Wirtschaftswachstum nahmen Menge und Art der Belastungen zu. Die Flüsse mussten noch mehr Abwässer auf nehmen, bis selbst die riesigen Wassermassen des Rheins damit nicht mehr fertig wurden und dort die Fische starben. Auch die Emissionen in die Luft stiegen rasch an, so dass der SPD Politiker Willy Brandt 1961 einen ‚Blauen Himmel über der Ruhr' forderte, damit aber vorerst wenige erreichte.

Die Situation der Umwelt verschlechterte sich auch deshalb, weil mehr und mehr der Belastungen chemisch produziert wurden, so dass natürliche Prozesse diese immer weniger, oftmals gar nicht mehr abbauen konnten. Ursache dieser Probleme war der Siegeszug der modernen Chemie, die zahlreiche wissenschaftliche und technische Durchbrüche erlebte und ganz neue Produkte herstellten konnte. Dazu gehörten Nylon, PVC und andere Materialien, die bald in den Alltag einzogen, oder künstliche Dünger, die eine neue Art der Landwirtschaft ermöglichten. Diese wurde noch produktiver als zuvor und setzte deutlich mehr Maschinen, Energie und Dünger ein, schuf aber auch neuartige Belastungen.

Neben wissenschaftlichen und technologischen Durchbrüchen ist vor allem der Siegeszug des Öls zu erwähnen, das innerhalb weniger Jahre die Kohle als zentralen Energielieferant [sic!] ablöste. Öl stellte nicht nur billige Energie bereit, die das rapide Wirtschaftswachstum erleichterte. Es eröffnete zudem zahlreiche neue Möglichkeiten, nicht nur für die chemische Industrie, sondern auch für die Beheizung der Häuser, die Entwicklung neuer Textilien und vor allem die Massenmotorisierung oder die Entstehung des modernen Luftverkehrs.

Diese Entwicklungen trugen wesentlich zum wachsenden Wohlstand bei, erhöhten aber auch die Belastungen der Umwelt

- durch mehr Emissionen,

- einen steigenden Verbrauch an Landschaft und Fläche und

- eine rasch zunehmende Nutzung von Ressourcen.

Auch für diese Zeit fällt es schwer, exakte Aussagen zu treffen, da verlässliche Zahlen vielfach erst nach 1970, teils noch später erhoben wurden.

Doch vieles spricht dafür, dass die Umweltbelastung in den fünfziger und sechziger Jahren des 20. Jahrhunderts neue Höhepunkte erreichte und vor allem mittlerweile nahezu alle Gebiete des [sic!] Bundesrepublik (und der DDR) betraf. Entsprechend nahm auch die Zahl derjenigen zu, die gegen diese Belastungen etwas unternehmen wollten und dagegen protestierten, sei es unter Medizinern, Wissenschaftlern und Technikern, den Behörden und Medien oder in der Bevölkerung, so dass auch Politiker sich zunehmend dieses Themas annahmen. Doch ein allgemeines Umweltbewusstsein entstand nur langsam.

Noch im Bundestagswahlkampf von 1969 spielte das Thema keine Rolle, und 1970 kam eine Erhebung zu dem Ergebnis, dass 60 Prozent der Befragten vom Umweltschutz noch nicht gehört hatten.

Dabei häuften sich in Deutschland und weltweit in diesen Jahren die Katastrophenmeldungen.

In den USA hatte Paul Ehrlich 1968 das Buch ‚The Population Bomb' veröffentlicht, das 1970 in Deutschland unter dem Titel ‚Die Bevölkerungsbombe' erschien und den unausweichlichen Hungertod von Millionen von Menschen voraussagte. Im Jahr darauf erschien ‚Das Selbstmordprogramm' von Gordon Taylor mit dem Untertitel ‚Zukunft oder Untergang der Menschheit', dessen deutsche Übersetzung bereits im ersten Jahr die fünfte Auflage erlebte und in mehr als 50.000 Exemplaren verkauft wurde. Auch Taylor beschwor vor allem die Bevölkerungsexplosion, aber auch die Verseuchung durch Umweltgifte wie Asbest, DDT und Blei, die wachsende Radioaktivität und generell eine Superverschmutzung, die zur ökologischen Katastrophe führen könne. Die deutschen Medien schlossen sich diesen Szenarien an. Der Stern konstatierte im September 1970 einen ‚Giftkrieg in Deutschland', die Süddeutsche Zeitung beschrieb eine tickende Zeitbombe und formulierte: ‚Strontium in der Milch und Öl in der Ostsee, Dunstglocken über den Städten und Schleichverkehr auf überfüllten Straßen habe ihre Schockwirkung nicht verfehlt.' Der Spiegel berichtete im Oktober in einer Titelgeschichte von Umweltkatastrophen in der ganzen Welt und den wachsenden Gesundheitsrisiken. Und die eher konservative Bunte Illustrierte fürchtete am 8. Dezember gar: ‚Wir rotten uns selber aus. Unsere Umwelt ist vergiftet. Die Menschheit ist in höchster Gefahr'.

Die Umweltdebatte erreicht die breite Bevölkerung - Der Bericht des „Club of Rome"

Bestärkt wurden diese Ängste durch den 1972 veröffentlichten Bericht des ‚Club of Rome', den die Amerikaner Donella und Dennis Meadows unter dem Titel ‚Grenzen des Wachstums' veröffentlichten. Sie waren von dem Club beauftragt worden, mögliche Szenarien der weiteren Entwicklung aufzustellen, und erledigten diese Aufgabe mit Hilfe zahlreicher Kollegen und hochkomplexer Computermodelle. Diese Modelle, die angewandten Berechnungsmethoden und deren Aussagefähigkeit hat wohl kaum einer der Leser verstanden, doch die Resonanz war überwältigend und die Botschaft eindeutig: Wenn die Menschheit die bisherigen Entwicklungen fortschreibe, gefährde sie das ökologische, soziale und wirtschaftliche Gleichgewicht. Sie gerate an die Grenzen des Wachstums und setze ihre Existenz aufs Spiel.

Inhaltlich hatten die Meadows eigentlich wenig Neues geschrieben, sondern vieles von dem aufgegriffen, was Autoren wie Taylor vor ihnen dargestellt hatten. Und genau besehen vertraten der Bericht des Club of Rome, der Beststeller von Ehrlich und zahlreiche andere Autoren (einmal mehr) die Argumente von Malthus: Die Bevölkerung wachse zu schnell und die Ressourcen gingen zur Neige. Doch diese Aussagen wirkten neu, zumindest ihre Verpackung war modern. Sie beruhten auf Computerberechnungen, die in der damaligen Öffentlichkeit großen Eindruck erweckten. Das Buch erschien in kürzester Zeit in mehreren Sprachen, wurde 10 Millionen Mal verkauft und war von einer internationalen Medienkampagne begleitet.

Die Debatte um Nachhaltigkeit erreichte eine neue Stufe. Dem Bericht zufolge war eine nachhaltige Zukunft höchst gefährdet und zwar nicht nur regional oder national, sondern global. Die bisherigen Lösungsversuche reichten offensichtlich nicht aus. Gefordert war vielmehr die Entwicklung eines Weltsystems, das ‚sustainable' bzw. nachhaltig sein sollte, ‚without sudden and uncontrollable collapse' – ohne plötzlichen und unkontrollierbaren Kollaps – erstmalig wurde damit das Adjektiv ‚sustainable' an derart prominenter Stelle genannt.

[...]

Textveröffentlichung: März 2012

Franz-Josef Brüggemeier, geboren 1951 in Bottrop, studierte Geschichte, Sozialwissenschaften und Medizin und arbeitete 1982/83 als Arzt. Seit 1998 ist er Professor an der Universität Freiburg, mit zahlreichen Beiträgen zur Sozial-, Umwelt- und Wirtschaftsgeschichte des 19. und 20. Jahrhunderts. Seine aktuellen Schwerpunkte liegen auf der Umweltgeschichte, der Bedeutung des Sports in modernen Gesellschaften und Großbritannien im 20. Jahrhundert. Im SS 2012 lehrt er als Visiting Professor an der Universität Harvard. Für die kritische Lektüre und zahlreiche Hinweise möchte ich mich bei P. Itzen und P. Kramper bedanken."

Hiesige Veröffentlichung, mit Genehmigung des Artikelautors, vermittelt durch Herrn Ibo Cayetano, Friedrich-Ebert-Stiftung e.V., Bonn,
Stand 24.06.2024.

Intermezzo 2.

SIEMENS & HALSKE
AKTIENGESELLSCHAFT

EINUNDFÜNFZIGSTER
GESCHÄFTSBERICHT

für die Zeit vom 1.10.1947 – 30.9.1950

Bericht über die Werke

Das **Wernerwerk für Fernmeldetechnik** hat sich in dem Berichtsabschnitt stetig aufwärts entwickelt. Die Ausweitung der Fertigung gestattete uns, für viele Geräte zu wirtschaftlicherer Großfertigung überzugehen. Das Fertigungsspektrum hat eine wesentliche Bereicherung erfahren, so daß [sic!] es den Vorkriegsstand im wesentlichen [sic!] erreichte. Der in Auswirkung des Krieges eingetretene Verlust fast aller Werkzeuge und des größten Teiles unserer Werkzeugmaschinen und Fertigungseinrichtungen [sic!] machte auch in dem Berichtsabschnitt umfangreiche Neubeschaffungen erforderlich. Dies bot andererseits die Möglichkeit, alle in der Vergangenheit gesammelten Erfahrungen und neueren Erkenntnisse [sic!] ohne Rücksicht auf noch nicht amortisierte Anlagen für die neuen Geräte [sic!] entwicklungs- und fertigungstechnisch auswerten zu können.

Ausführung und Leistung unserer Fernmeldegeräte konnten so auf einen hohen technischen Stand gebracht werden und entsprechen heute wieder [sic!] sowohl im Inland [sic!] als auch im Ausland [sic!] den an den Namen Siemens geknüpften Erwartungen.

Auf dem Gebiet der Telegraphentechnik bestand die Hauptaufgabe darin, die Fertigung der Fernschreibmaschinen wieder in Gang zu bringen. Da hierfür alle Werkzeuge neu hergestellt werden mussten [sic!] [sic!], lag es nahe, bei dieser Gelegenheit die

Verbesserungen durchzuführen, die sich aus der laufenden Beobachtung der Fertigung und des Betriebes ergeben hatten.

Beim Blattschreiber führte dies [sic!] ohne Änderung der grundsätzlichen Konstruktion [sic!] zu einer Maschine, die für die Fertigung in großen Stückzahlen und in der Betriebssicherheit gegenüber der früheren [sic!] Vorteile aufweist und im In- und Ausland sehr guten Absatz findet.

Für den Streifenschreiber wurde eine völlig neuartige Konstruktion gewählt. Er ist sowohl für Standverbindungen geeignet, wie sie im postalischen Betrieb zur Zeit noch bevorzugt werden, als auch für Handvermittlungs- und Wählverkehr. Alle Zusatzeinrichtungen sind [sic!] ebenso wie die Lochstreifenvorrichtungen [sic!] in dem Fernschreiber selbst untergebracht, trotzdem zeichnet er sich durch besonders kleinen und geschlossenen Aufbau aus. Für den stark konzentrierten Fernschreibverkehr [sic!] fertigen wir neu entwickelte Lochstreifengeräte.

Der nach dem Siemens-System durchgeführte [sic!] vollautomatische Orts- und Fernwahlverkehr [sic!] hat sich so gut bewährt, daß [sic!] das Teilnehmerfernschreibnetz der Bundesrepublik [sic!] mit etwa 4000 Anschlüssen [sic!] mehr Teilnehmer zählt [sic!] als alle anderen europäischen Teilnehmernetze zusammen. Auch in den meisten übrigen europäischen Ländern entwickelt sich der Teilnehmerverkehr sprunghaft. Die Fertigung der für die Ausgestaltung der Telegraphennetze erforderlichen Vermittlungs- und Übertragungseinrichtungen [sic!] läuft in großen Serien. Für den drahtlosen Fernschreibverkehr wurden neue Übertragungsgeräte, die nach dem Doppeltonverfahren arbeiten, auf Grund der während des Krieges auf Weitestverbindungen gesammelten Erfahrungen entwickelt. Für das in Presse und Nachrichtendienst gut bewährte Siemens-Hell-Verfahren [sic!] wurde ein Blattschreiber neu geschaffen, der Presse- und Wirtschaftsnachrichten wartungslos in Blattform aufzeichnet und die Betriebskosten dieser Dienste wesentlich verringert.

Allgemein ist festzustellen, daß [sic!] [sic!] Telegraphenapparate und -geräte in Stückzahlen gefertigt werden, die über denen der Vorkriegszeit liegen. Für die Güte der erzeugten Geräte spricht besonders, daß [sic!] es [sic!] trotz mancher Exporthemmnisse [sic!] gelang, auf diesem Gebiet einen besonderen Exportanteil zu erreichen.

Auf dem Gebiete der Signal- und Zeitdienstgeräte führten sich neuentwickelte [sic!] Nebenuhren [sic!] in Verbindung mit unseren Hauptuhren [sic!] sehr gut ein. Ein nach dem Baugruppenverfahren ausgeführtes Feuermeldesystem bietet die Möglichkeit, Feuermeldeanlagen in einfacher Weise den verschiedensten Betriebsverhältnissen anzupassen.

Das Gebiet der automatischen Feuermeldeanlagen wurde durch Ionisationsfeuermelder erweitert, die die Feuersgefahr [sic!] bereits anzeigen, wenn noch keine wesentliche Wärmeentwicklung vorliegt, sondern nur durch das Schwelen von Materialien, die

Ionisationsverhältnisse in der Luft verändert werden. Viele Krankenhäuser und Hotels wurden mit neuzeitlichen Lichtrufanlagen ausgerüstet.

Für die Bedürfnisse des Großstadtverkehrs haben wir Verkehrssignale entwickelt, die je nach Bedarf eine manuelle, fahrzeuggesteuerte oder zentralgesteuerte Verkehrsregelung zulassen. Besondere Phasenregelungen ermöglichen (sic!] auch auf den verkehrstechnisch schwierigsten Plätzen und Kreuzungen [sic!] eine zweckentsprechende Regelung des Kraftwagen-, Straßenbahn- und Fußgängerverkehrs. Für Bergwerks- und Industrieanlagen stehen schlagwettergeschützte und wasserdichte Fernsprech-, Steuer- und Signalgeräte [sic!] wieder in der notwendigen Vielfältigkeit [sic!] zur Verfügung.

Dem Gebiet der Elektrizitätswerkstelephonie [sic!] auf starkstrombeeinflußten [sic!] Fernmeldeleitungen und auf den Hochspannungsleitungen selbst [sic!] wurde besondere Aufmerksamkeit geschenkt. Neu entwickelte Hochfrequenzgeräte bieten [sic!] in Zusammenhang mit den Übertragungsapparaturen für Fernmeß [sic!]- und Fernsteueranlagen [sic!] die Möglichkeit, den Nachrichtenverkehr zwischen Elektrizitätswerken und Unterstationen [sic!] in wirtschaftlicher Weise [sic!] mit hoher Betriebssicherheit [sic!] durchzuführen.

Der Absatz von Fernsprechämtern war im ersten Teil des Berichtsabschnitts [sic!] durch die Geldknappheit der öffentlichen Hand [sic!] stark gehemmt. Während sich das Privat- und Nebenstellengeschäft [sic!] infolge des großen Nachholbedarfs [sic!] rasch hob, blieben der Wiederaufbau und der Ausbau der öffentlichen Fernsprechanlagen weit hinter dem zurück, was [sic!] im Hinblick auf die Kriegszerstörungen [sic!] im Interesse der deutschen Wirtschaft [sic!] notwendig gewesen wäre. Erst im Geschäftsjahr 1949/ 50 ergaben sich für die Bundespost größere Möglichkeiten, den lang gewünschten und dringend erforderlichen Ausbau der Orts- und Fernämter in Angriff zu nehmen.

Der Export hat trotz vieler nachkriegsbedingter Schwierigkeiten wieder einen erfreulichen Anteil am Gesamtgeschäft erreicht. Aus den Ländern, in denen die Siemens-Amtstechnik eingeführt war, erhielten wir Aufträge erheblichen Umfanges auf Erweiterungen und Neuanlagen.

Die Entwicklungstätigkeit erstreckte sich auf Bauelemente, Geräte und Systeme. Der Tischfernsprecher wurde mit dem Ziele einer leichteren und bequemeren Handhabung neu gestaltet und hinsichtlich Lautstärke und Verständlichkeit wesentlich verbessert. Die bewährten Flachrelais sind durch konstruktive Änderungen vielseitiger und leistungsfähiger geworden; Spezialrelais für besondere Erfordernisse wurden neu geschaffen. Die jahrzehntelangen Erfahrungen des Wählerbaus fanden ihren Niederschlag in der Neukonstruktion eines Motorwählers mit Edelmetallkontaktgabe, hoher Einstellgeschwindigkeit und geringer Wartung. Dieser Wähler ist für die Verbesserung der Ortsamtstechnik bestimmt, eignet sich aber auch ganz besonders für die Zusammenschaltung von Vierdrahtwegen; mit ihm ist das wichtigste Bauelement für länderweite Fernwahl geschaffen Als Ersatz für handbediente Schnellverkehrsämter [sic!] wurde ein neuartiges Selbstwählverfahren [sic!] mit Zählung während des Gesprächs [sic!] entwickelt und im Ruhrgebiet, erstmalig mit bestem Erfolg eingeführt. Für die Gestaltung der Selbstfernwahl [sic!] über ganz Deutschland [sic!] wurden neuartige Vorschläge ausgearbeitet und ein Tonwahlverfahren hoher Betriebssicherheit angegeben.

Fernämter für wichtige Fernsprechkontenpunkte [sic!] werden künftig als schnurlose Wählfernämter ausgeführt; ihre Technik wurde [sic!] unter Berücksichtigung aller neuzeitlichen Betriebserfahrungen [sic!] entwickelt. Für die Erfordernisse der Deutschen Bundespost wurde [sic!] in engster Fühlungnahme und Zusammenarbeit mit den Dienststellen dieser Verwaltung [sic!] das Wählsystem 50 geschaffen.

Das Geschäft auf dem Weitverkehrsgebiet litt [sic!] besonders im Anfang des Berichtsabschnitts [sic!] darunter, daß [sic!] es der Bundespost nicht möglich war, die erheblichen Mittel für notwendige Erweiterungen ihrer Fernsprech-Weitverkehrsanlagen bereitzustellen. Auch Auslandsaufträge gingen erst in der zweiten Hälfte des Berichtsabschnitts in nennenswertem Umfang ein. Trotz der unbefriedigenden geschäftlichen Lage [sic!] mußten [sic!] erhebliche Aufwendungen gemacht werden, um den umfangreichen [sic!] entwicklungstechnischen Aufgaben gerecht zu werden. Die wachsenden Anforderungen des Fernsprechverkehrs an Weitverbindungen und die damit zusammenhängende Notwendigkeit, die Knotenpunkte des Verkehrs [sic!] durch Bündel von vielen hundert Fernsprechkanälen [sic!] zu verbinden, führte zu umfangreicher Verbesserung bekannter und zur Entwicklung neuer Übertragungssysteme, die in wirtschaftlicher Weise die vorliegenden verkehrstechnischen Probleme zu lösen gestatteten. Neue Kabeltypen für die Übertragung breiter Frequenzbänder und ihnen angepasste [sic!] [sic!] Vielbandträgersysteme sind entwickelt worden und stehen nunmehr für den Ausbau der Weitverkehrsnetze zur Verfügung. Unsere Geräte haben im In- und Ausland gute Beurteilung gefunden.

Die für die Prüfung und Überwachung der Weitverkehrsanlagen von uns entwickelten Meßgeräte [sic!] [sic!] wurden um eine Anzahl neuer Typen für die neue Technik erweitert. Das Meßgerätegebiet [sic!] brachte uns erhebliche Aufträge seitens der in- und ausländischen Kundschaft.

Auch auf dem Funkgebiet trug die seit Jahren laufende Entwicklungsarbeit Früchte. Kurzwellengroßanlagen für die drahtlose Telephonie [sic!] und Telegraphie [sic!] [sic!] mit Schiffen auf See und mit überseeischen Ländern [sic!] wurden geliefert. Sie umfassen mehrere Empfangsanlagen für den Überseeverkehr und dazugehörige Einrichtungen im Überseeamt. Ferner ist in diesem Zusammenhang die Lieferung eines Grenzwellensenders von 20 kW für Norddeich erwähnenswert. Er bedient den Verkehr mit den Schiffen auf See. Die Bundespost hat uns außerdem einen Großsender für Überseetelephonie in Auftrag gegeben. Mehrere Funkbrücken für den Fernsprechverkehr [sic!] zwischen Berlin und dem Westen *[hiermit sind Berlin (West) und die Bundesrepublik gemeint, es bestand jedoch noch keine Mauer, Anm. d. Verf.]* wurden von uns geliefert. Jede dieser Funkbrücken gibt die Möglichkeit zur gleichzeitigen Übertragung von 15 Gesprächen. Auch Verkehrsfunksprechgeräte für den Sprechverkehr [sic!] zwischen einer Zentrale und Fahrzeugen für die Zwecke der Polizei, für den Verkehr zwischen Schiffen und Küstenstationen, ferner für den Rangierdienst zwischen Lokomotiven und Stellwerk [sic!] führten sich ein und brachten uns größere Umsätze.

Durch den weiteren Ausbau der von der Siemens-Schuckertwerke AG betriebenen Kabelwerke in Berlin und Neustadt gelang es, den Lieferumfang an Kabeln und Leitungen an unsere Kundschaft zu steigern und auch die Anforderungen der eigenen Werke und Beteiligungsgesellschaften zu befriedigen. Der Anteil des Auslandsumsatzes hat dabei etwa die frühere Höhe erreicht. Auch im Pupinspulengeschäft waren wir wieder voll lieferfähig und sicherten uns in dem Berichtsabschnitt erhebliche Aufträge.

Im Berichtsabschnitt haben die Trägerfrequenzkabel [sic!] mit breit ausnutzbarem Frequenzband [sic!] erhöhte Bedeutung gewonnen, so daß [sic!] wir auf diesem Gebiet erhebliche Entwicklungsarbeit leisten mußten. [sic!] Das gilt insbesondere für die symmetrischen Papierkabel [sic!] mit einer Ausnutzbarkeit bis 250 kHz, die wir in der Berichtszeit [sic!] für die Deutsche Bundespost [sic!] in größerem Umfange gefertigt haben. Auch die Weiterentwicklung der koaxialen Kabel ist erheblich gefördert worden.

Die von uns nach Beendigung des Krieges aufgenommene Entwicklung und Fertigung von Antennenkabeln für Sende- und Empfangsanlagen von Funkbrücken, UKW- und Fernsehsendern und von Antennenleitungen für den UKW-Empfang [sic!] unter Verwendung von neuartigen Isolierstoffen [sic!] waren erfolgreich und brachten nennenswerte Umsätze.

Die Fertigungsstätten der Geräte des Wernerwerk für Fernmeldetechnik liegen in Berlin-Siemensstadt, München, Bruchsal, Speyer und Bocholt.

Im Wernerwerk für Meßtechnik [sic!] [sic!] haben sich Fabrikation und Umsatz ebenfalls stetig und befriedigend entwickelt. Der Verlust sämtlicher Fertigungsstätten und Unterlagen gegen Kriegsende, die starke Konzentration der Meßgeräteindustrie [sic!] in Westdeutschland und die Entstehung bedeutender Meßgerätewerke [sic!] [sic!] in einer Reihe europäischer Länder [sic!] haben uns erhebliche Schwierigkeiten gebracht. Wir haben uns daher in besonderem Maße bemüht, durch umfangreiche Arbeiten und Aufwendungen in der Entwicklung, die vor allem eine Verbesserung und neuzeitliche

Gestaltung unserer Geräte und die Einführung neuer Meßverfahren [sic!] zum Ziele hatten, den Anschluß [sic!] an den technischen Stand der internationalen Meßgeräteindustrie [sic!] zu erreichen. Diese Bemühungen waren durchweg erfolgreich, sie haben uns auf einigen Gebieten Spitzenerzeugnisse gebracht.

Durch die Lieferung neu entwickelter Schalttafel- und Fernmeßgeräte [sic!], von gemeinsam mit der Siemens-Schuckertwerke AG entwickelten [sic!] neuzeitlichen Netzschutzgeräten und von Strom- und Spannungswandlern [sic!] bis zu Betriebsspannungen von 220 KV [sic!] haben wir in erheblichem Umfange zum Wiederaufbau der Kraftwerkswirtschaft beigetragen. Für die Entwicklung und Prüfung der Höchstspannungswandler in Siemensstadt [sic!] wurde ein 500 KV-Prüffeld in Betrieb genommen.

Gegen Ende des Berichtsabschnitts begann die Lieferung [sic!] sowohl unserer neuen Schreiber für elektrische Meßgrößen [sic!] [sic!] als auch der neu entwickelten hochwertigen Präzisionsmeßgeräte [sic!], von denen insbesondere ein Lichtmarken-Letungsmesser zu erwähnen ist. Die Fertigung einer Reihe hochwertiger Prüfeinrichtungen, z.B. des Ferrometers für Eisenuntersuchungen, wurde eingeleitet.

Die Entwicklung und Fertigung der elektromedizinischen Meßgeräte [sic!] [sic!] haben wir so weit gefördert, daß [sic!] mit der Lieferung unseres bewährten Universaldosismessers und des neuentwickelten direktschreibenden Kardiographen, der in medizinischen Kreisen besonderen Anklang gefunden hat, begonnen werden kann.

Auf dem Gebiet der wärmetechnischen Meß- [sic!] und Regelgeräte [sic!] haben wir für die zahlreichen neu errichteten und im Bau befindlichen Dampfkraftwerke [sic!] in erheblichem Umfange [sic!] Aufträge erhalten und Lieferungen ausgeführt. Darunter befindet sich eine große Anzahl von Anlagen, die auch unsere elektrische Kesselregelung enthalten. Besonders hervorzuheben ist weiterhin die Entwicklung eines elektropneumatischen Reglers, der hauptsächlich in Anlagen für die Treibstoffgewinnung und in der chemischen Industrie verwendet wird.

Hauswasserzähler und Zähler für industrielle Flüssigkeiten haben sich in Fertigung und Umsatz erfreulich entwickelt. Diesen Erfolg verdanken wir der Einführung neuer Materialien und verbesserter Fertigungsmethoden bei der Herstellung der Flügelradzähler. Die Entwicklung und Fertigung der Ringkolbenzähler wurden auf einen Stand gebracht, der es uns ermöglicht, nunmehr mit Lieferungen zu beginnen. Die Nachfrage nach diesen Zählern ist vor allem im Ausland außerordentlich rege.

Das Gebiet der Übermikroskopie haben wir [sic!] insbesondere durch die mit erheblichem Aufwand durchgeführte Weiterentwicklung unseres 100 KV-Elektronenmikroskops [sic!] gefördert, das dank seiner hervorragenden technischen Leistungen [sic!] vor allem in wissenschaftlichen Kreisen [sic!] Anklang gefunden hat. Obwohl den interessierten Forschungsinstituten nur beschränkte Mittel für die Beschaffung von Geräten zur Verfügung stehen, erhielten wir dennoch eine größere Anzahl von Aufträgen.

Unsere Erfahrungen und Einrichtungen auf dem Gebiet der Elektrochemie [sic!] haben wir – mit Ausnahme des Gebietes des Oberflächenschutzes – an eine bedeutende Firma der Maschinenindustrie veräußert. Die durch den Verkauf freigewordenen Mittel sind [sic!] zur Intensivierung der Entwicklung auf den Stammgebieten [sic!] eingesetzt worden.

Die Meßgerätefertigung [sic!] in Erlangen wurde Anfang 1950 nach Karlsruhe verlegt. Sie ist dort in Mieträumen untergebracht, bis ein in Karlsruhe-Knielingen begonnener Neubau fertigstellt [sic!] ist. Die zweite Fertigungsstätte des Wernerwerks für Meßtechnik [sic!] liegt in Berlin-Siemensstadt.

Das **Wernerwerk für Radiotechnik** ist von den Absatz- und Preisschwankungen des Rundfunkgeschäftes besonders betroffen worden. Die Einführung des Kopenhagener Wellenplanes und der damit im Zusammenhang geförderte Ausbau des UKW-Hörens [sic!] führten [sic!] im Frühjahr 1950 [sic!] zu einer allgemeinen Zurückhaltung der Käuferschichten, die erhebliche Preissenkungen zur Folge hatte. Bei der Entwicklung unserer Geräte [sic!] wurde auf die akustische Verbesserung der

Wiedergabe und einen hochwertigen UKW-Empfang besonders Wert gelegt. Unsere auf der Funkausstellung in Düsseldorf gezeigten Geräte haben auch [sic!] in Form und Technik [sic!] guten Anklang gefunden. Mit dem Ausland bahnten sich erfreuliche Geschäftsbeziehungen an. Auf dem Gebiet des Fernsehens wurde die Entwicklung von Fernsehempfängern aufgenommen.

Das Geschäft der Bauelemente stand im Zeichen schärfsten Konkurrenzkampfes. Die Preise näherten sich teilweise denen von 1938. Wir waren bemüht, uns durch lohn- und materialsparende [sic!] Konstruktionen und Fertigungsmethoden [sic!] dieser angespannten Lage anzupassen. Der besonderen Bedeutung unserer Bauelemente für die Geräte der Nachrichtentechnik [sic!] haben wir in unserer Entwicklung mit Erfolg Rechnung getragen, so daß [sic!] wir heute wieder [sic!] für unsere hochwertige Gerätetechnik und auch zur Lieferung an unsere Kundschaft über Bauelemente [sic!] der erforderlichen Güte verfügen. Die bisher erzielten Ergebnisse unserer neueren Entwicklung auf diesem Gebiet [sic!] lassen erwarten, daß [sic!] uns bald weitere wertvolle Bauelemente [sic!] insbesondere magnetischer und dielektrischer Art [sic!] zur Verfügung stehen werden.

Die Fabrikationsstätten des Wernerwerkes für Radiotechnik liegen in Berlin-Siemensstadt, Karlsruhe und Heidenheim. Da der Karlsruher Betrieb in Mieträumen untergebracht ist, haben wir für ihn die Umsiedlung in einen Neubau in Karlsruhe-Knielingen vorgesehen.

Die Elektronenröhren haben als wichtigste Bauelemente [sic!] für die bei uns bearbeitete Technik [sic!] eine hervorragende Bedeutung. Daher mußten [sic!] wir dem Wiederaufbau der Röhrenfertigung und der Entwicklung neuer Röhren besondere Aufmerksamkeit zuwenden und beträchtliche Mittel dafür zur Verfügung stellen. Entwicklung und Fertigung dieser Röhren sind in einer besonderen Röhrenfabrik [sic!] mit Fertigungsstätten in Berlin und Erlangen [sic!] zusammengefaßt [sic!] worden, in denen heute wieder wassergekühlte und luftgekühlte Senderöhren jeder Größe [sic!] einschließlich der besonderen Röhren für die neuzeitliche Weitverkehrstechnik [sic!] hergestellt werden können. Außerdem hat die Röhrenfabrik die Fertigung von Rundfunkröhren aufgenommen; die Lieferungen auf diesem Gebiet konnten laufend gesteigert werden.

Auf dem Gebiet der Entwicklung sind die neuartigen wassergekühlten und luftgekühlten Sonderöhren für Ultrakurzwellen- und Fernsehsender nennenswert. Die Durchbildung neuer Weitverkehrsröhren [sic!] für unsere Breitbandtechnik auf Leitungen [sic!] ist abgeschlossen. Elektronenröhren [sic!] für höchste Frequenzen [sic!] werden mit besonderem Nachdruck entwickelt, soweit es uns im Rahmen der gesetzlichen Beschränkungen jeweils erlaubt wird.

Das **Wernerwerk für Signaltechnik** ist durch die Übernahme der Vereinigte Eisenbahn-Signalwerke

GmbH entstanden, deren alleinige Gesellschafterin wir waren. Das Werk hatte [sic!] insbesondere im ersten Jahr nach der Währungsumstellung [sic!] mit außerordentlichen Schwierigkeiten zu kämpfen. Die finanzielle Lage der Bundesbahn zwang dazu, die Abnahme der in Auftrag gegebenen und bereits fertiggestellten Geräte auszusetzen und erlaubte nur in geringem Umfang neue Bestellungen. Eine weitgehende Verringerung der Belegschaft ließ sich unter diesen Umständen nicht vermeiden.

Dazu kam, daß [sic!] mit der Einführung der Westmark [sic!] *[damit ist die DM = Deutsche Mark gemeint, Anm. d. Verf.]* als alleinigem [sic!] gesetzlichen Zahlungsmittel in West-Berlin [sic!] die Aufträge der ostzonalen *[hiermit ist die gerade gegründete „Deusche Demokratische Republik" gemeint, die vor ihrer Gründung 1949, von den Sowjets besetzt wurde und im Westen salopp „Ostzone" genannt wurde, Anm. d. Verf.]* Bahnbehörden vollständig ausfielen und dadurch eine Stilllegung des Berliner Betriebes erforderlich wurde. Es verblieb dort lediglich ein Ingenieurbüro, das bei Liefermöglichkeiten nach der Ostzone [sic!] für die Bearbeitung solcher Geschäfte zur Verfügung steht.

Auf Grund der eingeschränkten Beschäftigungslage [sic!] konnte das Werk in Bruchsal dem Wernerwerk für Fernmeldetechnik zur Verfügung gestellt werden. Dadurch war es möglich, der Mehrzahl der dort tätigen Belegschaftsmitglieder den Arbeitsplatz zu erhalten.

Trotz der geschilderten geschäftlichen Lage [sic!] haben wir erhebliche Kosten aufgewandt, um unsere Technik den neuzeitlichen Erfordernissen so vollkommen [sic!] als möglich anzupassen. Die bereits während des Krieges begonnene Entwicklung einer neuen Eisenbahnsignaltechnik [sic!] wurde nach dem Kriege wieder aufgenommen und im Berichtsabschnitt bis zur Fertigungsreife durchgebildet. Da die bisherigen mechanischen Stellwerke und die elektrischen Stellwerke mit mechanischem Verschlußregister [sic!] nur auf Sichtweite brauchbar waren, schufen wir unter Anwendung der Relaistechnik ein Gleisbildstellwerk, das von der Sichtweite unabhängig ist und daher größere Gleisabschnitte beherrscht. Das Gleisbildstellwerk ersetzt in großen Bahnhöfen mehrere Stellwerke älterer Bauart durch ein Zentralstellwerk. Gleichzeitig führten wir den automatischen Block ein und entwickelten somit eine Fernsteueranlage, die gestattet, den Verkehr auf einer längeren Strecke [sic!] fortlaufend in einem Zentralstellwerk zu beobachten und von dort aus alle auf dieser Strecke befindlichen Weichen, Signale, Wegübergänge usw. für den Aufbau der erforderliche Fahrstraßen zu beeinflussen.

Die neue Technik erlaubt [sic!] bei beachtlicher Betriebsersparnis [sic!] eine wesentliche Steigerung der Verkehrsdichte und erfüllt dabei die hohen Forderungen der Eisenbahn [sic!] hinsichtlich der Betriebssicherheit. Die ersten Gleisbildstellwerke sind seit einiger Zeit in Betrieb, die ersten Fernsteueranlagen [sic!] bis zu Strecken von 100 km im In- und Ausland [sic!] im Bau. Wir haben mit dieser

Technik den Anschluß [sic!] an den Weltmarkt [sic!] sowohl in technischer [sic!] als auch in preislicher Hinsicht wieder gewonnen.

Auch an dem von der Bundesbahn beschlossenen Übergang von Formsignalen zu Lichtsignalen [sic!] waren wir entwicklungsmäßig maßgeblich beteiligt, ebenso an einer Reihe von Aufgaben, die sich aus der weitgehenden Automatisierung im Eisenbahnsicherungswesen ergaben.

Auch für die nächste Zeit wird der Umfang der Etatmittel der Bundesbahn [sic!] für die Beschäftigungslage [sic!] auf dem Gebiet des Eisen-ahnsignalwesens [sic!] ausschlaggebend sein. Wir hoffen, durch den beginnenden Export fehlende Aufträge der Bundesbahn [sic!] wenigstens teilweise [sic!] ersetzen zu können.

Die Fertigungsstätten des Wernerwerks für Signaltechnik liegen in Braunschweig und Georgsmarienhütte, ferner wird in Bruchsal noch in geringem Umfange gefertigt.

Bericht über die Beteiligungsgesellschaften
[...]

Den Geschäftsbericht und die Abschlüsse der **Siemens-Schuckertwerke AG** haben wir [sic!] in üblicher Weise [sic!] unserem Bericht beigefügt.

Die **Siemens-Reiniger-Werke AG** hat in Erlangen [sic!] als Ersatz für das in Rudolstadt (Ostzone) enteignete Werk [sic!] ein neues Röntgenröhrenwerk errichtet und einen Neubau für die Fertigung von Durchleuchtungsschirmen und Verstärkerfolien begonnen. Die Beschäftigung war [sic!] nach der Währungsumstellung [sic!] infolge zahlreicher Annullierungen [sic!] zunächst rückläufig; der weitere Ausbau der ausländischen Vertriebsorganisation und die allgemeine Geschäftsbelebung [sic!] haben jedoch bald eine starke Umsatzerhöhung ergeben. Wie früher [sic!] wird mehr als die Hälfte der Fertigung ins Ausland geliefert. Zur Finanzierung dieser Geschäftsausweitung [sic!] sind Wiederaufbau- und sonstige Bankkredite in Anspruch genommen worden. Für das erste DM-Geschäftsjahr, das bis zum 28.2.1949 lief und damit 8 Monate umfaßte [sic!] [sic!], wurde eine Dividende von 3% und für das anschließende Geschäftsjahr eine Dividende von 5% ausgeschüttet.

Die **Siemens-Bauunion GmbH** wurde, da sie als Baufirma keine nennenswerte Warenbestände besaß, durch die Währungsumstellung schwer betroffen. Sie verlor fast ihr gesamtes Betriebskapital und mußte [sic!] daher Kredite in Anspruch nehmen. Die

Beschäftigungslage ist im allgemeinen [sic!] befriedigend, das Preisniveau jedoch so gedrückt, daß [sic!] nennenswerte Gewinne bisher nicht erzielt werden konnten.

Die **Vereinigte Eisenbahn-Signalwerke GmbH**, deren Anteile in voller Höhe in unserem Besitz waren, ist [sic!] zum Stichtag der Währungsumstellung [sic!] mit uns verschmolzen worden.

Bei der **Deutsche Grammophon GmbH** ist das Stammkapital [sic!] nach der Verabschiedung der DM-Eröffnungsbilanz von 1,5 Mill. DM [sic!] auf 2 Mill. DM erhöht worden. Auf Grund der Entwicklungsarbeiten im Aufnahme- und Fertigungsverfahren [sic!] sind die Erzeugnisse auf einen Stand gebracht worden, der sich sowohl im Inland [sic!] als auch im Ausland [sic!] größter Anerkennung erfreut. Die im Jahre 1950 herausgebrachte Langspielplatte, die gegenüber der normalen Platte die doppelte Spieldauer aufweist, hat sich gut eingeführt. Der Umsatz hat den Vorkriegsstand überschritten. Die Aussichten sind auch weiterhin günstig.

Die **Klangfilm GmbH** rüstet mit ihren Wiedergabegeräten einen erheblichen Teil der neu errichteten und der modernisierten Filmtheater aus. Außerdem werden Lichttonanlagen, Verstärkeranlagen, Mischeinrichtungen, Bandspieler und andere Geräte [sic!] für die Aufnahme von Tonfilmen an Filmateliers und Synchronstudios des In- und Auslandes [sic!] geliefert.

Die Entwicklungsarbeiten bezogen sich vornehmlich auf die Anwendung des Magnetton-Verfahrens in der Aufnahmetechnik [sic!] sowie auf die Konstruktion von Wiedergabegeräten, bei denen die Grundsätze der Gestellbauweise in neuartiger Form verwirklicht werden.

Die allgemein ungünstige Lage der Filmwirtschaft blieb auch auf das Klangfilm-Geschäft nicht ohne Rückwirkung.

Die **Vacuumschmelze AG** hatte [sic!] im ersten Jahr nach der Währungsumstellung [sic!] ein Absinken des Auftragseingangs zu verzeichnen. Dagegen konnte der Auslandsumsatz stetig gesteigert werden. Im Jahre 1950 hat sich auch das Inlandgeschäft belebt.

Die **Siemens-Planiawerke AG** für Kohlefabrikate hat [sic!] mit ihrem Graphitierungswerk in Meitingen [sic!] noch vor der Währungsumstellung [sic!] die Zusammenarbeit mit der Chemischen Fabrik Griesheim [sic!] auf dem Gebiet der Kohlefabrikate [sic!] aufgenommen. Im In- und Auslandsgeschäft konnte eine erhebliche Umsatzsteigerung erzielt werden, so daß [sic!] die volle Ausnutzung der vorhandenen Kapazität erreicht ist.

Mit Wirkung vom 20.6.1948 [sic!] hat die Siemens-Planiawerke AG sämtliche Geschäftsanteile der Elektrogerätebau Cesiwid GmbH, Erlangen, übernommen, an der wir bis dahin mit 2/3 beteiligt waren.

Bei der **Norddeutsche Seekabelwerke AG** [sic!] Seekabelfertigung bis Ende 1949 still; zu diesem Zeitpunkt wurde der erste größere Auslandsauftrag auf Herstellung eines Seekabels erteilt, dem inzwischen weitere Auslandsaufträge gefolgt sind. Auf dem Bleikabelgebiet setzte erst Mitte 1950 eine Geschäftsbelebung ein, die noch anhält.

Bei der **Deutsche Betriebsgesellschaft für drahtlose Telegrafie mbH** hat sich [sic!] nach Lockerung der dem deutschen Schiffbau auferlegten Beschränkungen [sic!] im Laufe des Geschäftsjahres 1949/50 [sic!] der Auftragseingang nennenswert gebessert.

Die **Elektrische Licht- und Kraftanlagen AG** hat ihre sämtlichen Beteiligungen in der Ostzone verloren. Bei den verbliebenen Tochtergesellschaften haben sich [sic!] nach der Währungsumstellung [sic!] zum Teil gute Fortschritte ergeben.

Die **Osram GmbH KG** hat [sic!] in dem Berichtsabschnitt [sic!] ihre Wideraufbauarbeiten in Berlin fortgesetzt und die im Westen vorhandenen Fertigungsstätten weiter ausgebaut. Zur Modernisierung des Maschinenparks und zur Durchführung von Entwicklungs- und Forschungsarbeiten [sic!] wurden erhebliche Mittel aufgewandt. Zur Finanzierung der stark angestiegenen Umsätze [sic!] mußten [sic!] größere Kredite in Anspruch genommen werden. Der Export konnte [sic!] seit der Währungsumstellung [sic!] laufend gesteigert werden, liegt aber noch unter der Vorkriegshöhe. Dies ist u.a. darauf zurückzuführen, daß [sic!] die früheren ausländischen Tochtergesellschaften, deren Belieferung mit Halbfabrikaten einen wesentlichen Teil des Exportes ausmachte, enteignet worden sind und jetzt nicht mehr beliefert werden.

Über die **sonstigen** Beteiligungsgesellschaften ist nichts wesentliches [sic!] zu berichten.

Der Plan.

Eine Frage, die ich in einem Experiment, durch eine klassische „Feldarbeit", quasi durch die Hintertür, erarbeitet hatte, war, warum und wieso entschied man sich bei den Ziffern der Wähltrommel für die vorliegende Lösung und wie genau sieht sie aus?

Die 1950er Jahre waren eine Zeit des Aufbruchs und Neuanfangs. Alte Biedermeier- oder Gründerzeitmöbel wurden z.B. umgearbeitet, um dem Zeitgeist des Neuen zu frönen. Viele Leute wollten den alten Verzierungsschnickschnack nicht mehr, er stand für überkommene und althergebrachte Verhältnisse, es waren nun glatte und klare Verhältnisse gefragt, ohne „unnötiges" Verzierungsmaterial. Gleichzeitig aber sollten Möbel, um beim Beispiel zu bleiben, haltbar (heute nennen wir das nachhaltig) und „für die Ewigkeit" gebaut sein. Schließlich waren sie teuer und mussten lange, wenn nicht sogar ein ganzes Leben, zur Verfügung bleiben.

Wenn wir nun zurück auf den Trommelwähler kommen, verhält es sich dabei genauso! Er sollte auch für die Ewigkeit geplant sein, deshalb sollte er insbesondere aus Teilen bestehen, die dauerhaft sind, um für diese lange Zeit einer Ewigkeit gewappnet zu sein. Nicht, wie heute, wo alles auf Verschleiß „programmiert" wird, um möglichst schnell ersetzt zu werden, um z. B. neuen Umsatz zu generieren. Aufkleber oder Aufgemaltes, im Hinblick auf Ziffern,

würden diese Prämisse nicht im Mindesten gewähr-
leisen können.

Die Ziffern des Trommelwählers.

Zunächst einmal stelle ich Ihnen alle Farben des
Trommelwählers vor.

Bevor der Trommelwähler bunt wurde, gab es ihn
nur in Schwarz und Elfenbein, das lag daran, dass
der Werkstoff Bakelit technisch nur diese „Farben"
zuließ (siehe Anhang 2 zu Bakelit).

Schwarz (Abb. 3):

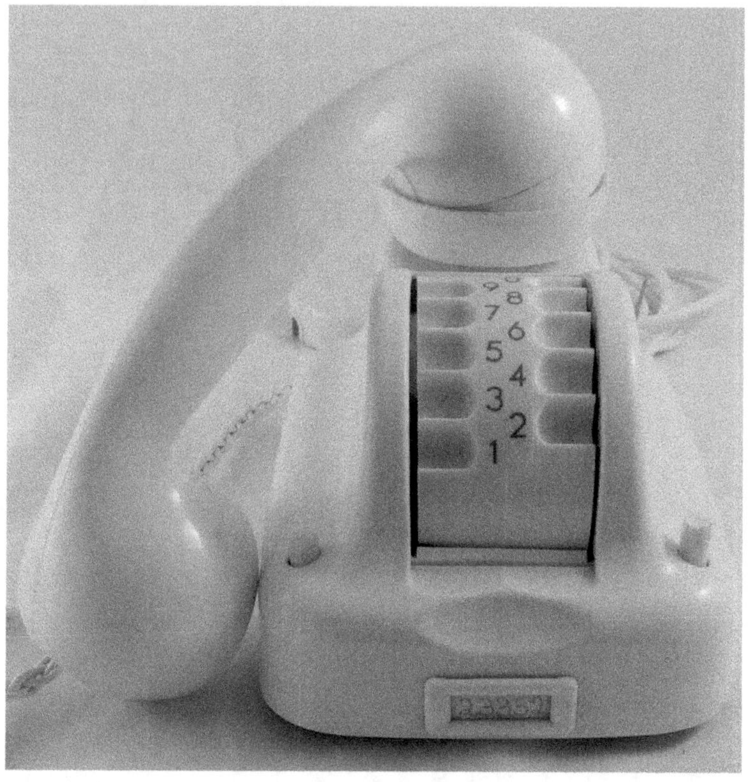

Der Wechsel zu Thermoplast ermöglichte nun eine komplette Durchfärbung des Materials und führte zu den damals revolutionären Farben:

Hell- oder Resedagrün (Abb. 5):

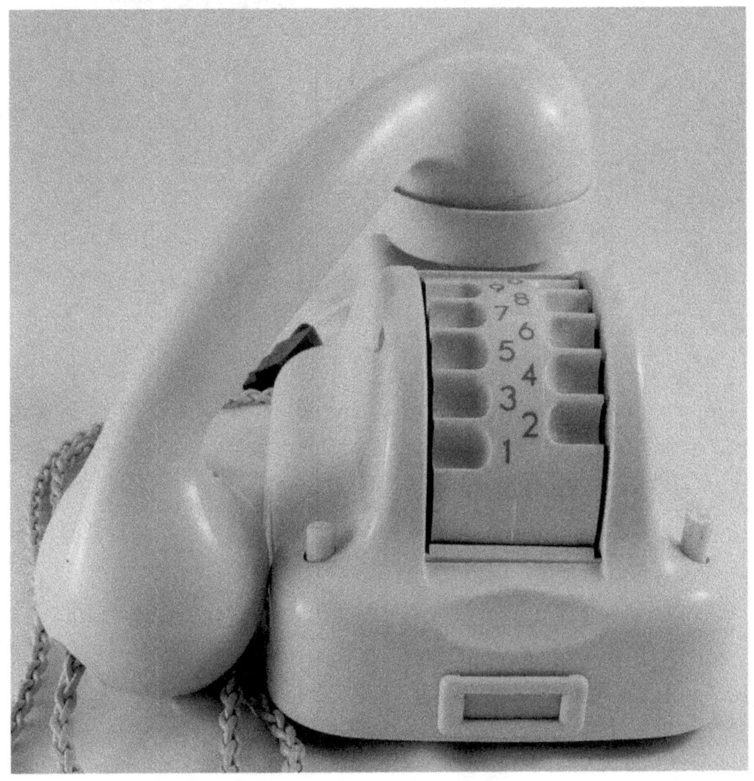

Dunkelgrün (Abb. 6):

Dunkel- oder Maronrot (Abb. 7):

Hell- oder Kirschrot (Abb. 8):

Da ich in meiner Sammlung glücklicherweise alle Farben, außer Dunkelgrün besitze und diese seit Jahren suche, aber nicht bekomme, habe ich irgendwann einen Beschluss gefasst: Ich möchte den Dunkelgrünen regelmäßig anschauen und präsentieren können und das geht nur, wenn ich ein erhebliches Sakrileg begehe: Ich muss tatsächlich einen (schwarzen) Trommelwähler lackieren. Dieses Vorhaben gestaltet sich allerdings als sehr schwierig und streng genommen, als unmöglich. Denn zum einen gibt es keine mir vorliegenden Informationen darüber, welche RAL-Farbe das Gerät hat und wenn ich den RAL-Ton von einem gut dargestellten Bild sozusagen schätzen würde, bestünde die Gefahr, dass es dann am Ende doch nicht passt und, was viel gravierender ist, ich müsste die Ziffern übermalen, was eigentlich das Ganze scheitern lassen würde.

Aber der Reihe nach:

Zunächst präsentiere ich hier die Einzelteile, die zu lackieren wären (ohne Innenleben):

Der Hörer (Abb. 9):

Die Haube (Abb. 10 und 11):

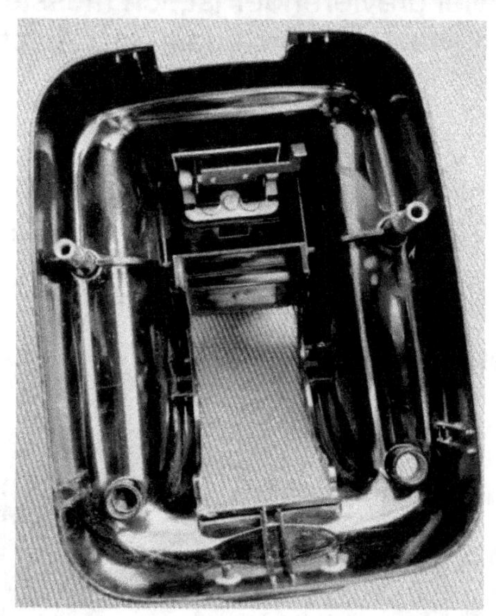

Die Trommelhülle mit Ziffern (Abb. 12 und 13):

Das Chassis (Abb. 14 und 15):

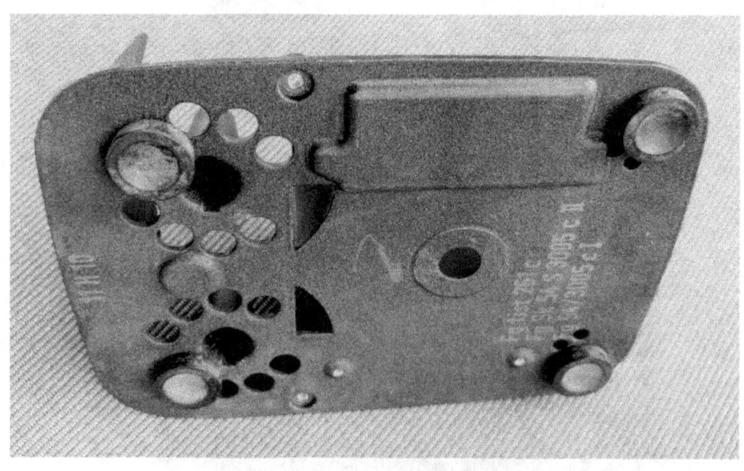

Schauen wir also noch einmal auf die Konzeption der Ziffernbereichs (siehe Abb. 13). Hier wurde darauf geachtet, dass sich das Gerät durch Dauerhaftigkeit auszeichnen sollte. Die Ziffern, die täglich Berührungen und Nutzungsstress ausgesetzt sein würden, sollten quasi ewig halten und nicht einfach abblättern oder verwischen, wie es bei aufgemalten oder eingestanzten Folien der Fall gewesen wäre. So kam man auf die Idee, die Darstellungen der Ziffern, am Ende der Produktion aus einem festen Material gefertigt zu haben, die nicht als Klebefolie oder aufgedrucktem Kunststoffmaterial schon sehr bald abgenutzt sein würden. Man überlegte, ein Spritzmaterial zu schaffen, dass für den hellgrünen und elfenbeinfarbenen Trommelwähler braun und für die anderen weiß sein musste.

Eine Künstliche Intelligenz stellt das am Ende genutzte, ausgehärtete Material, vor der Einfüllung in die Trommelhülle, beispielhaft so dar (Abb. 16):

Zur Erinnerung:

Der elfenbeinfarbene und der hell- bzw. reseda-
grüne Trommelwähler benötigen jeweils hellbraune
Ziffern (zur besseren Sichtbarkeit werden hier die
Ziffern weiß dargestellt).

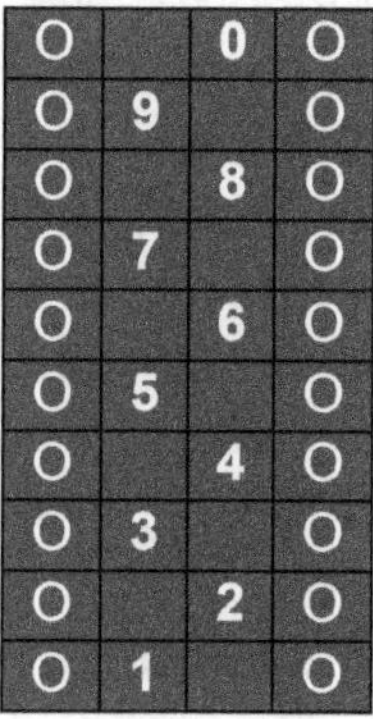

Ansonsten, bei allen anderen Farben sind sie weiß

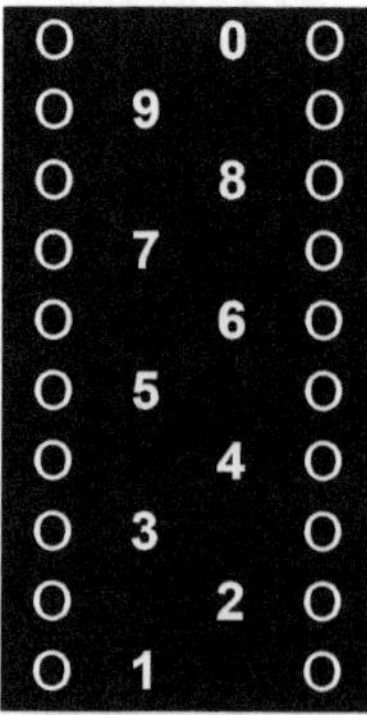

Nun wurde die Trommelhülle, im entsprechenden
Farbton, komplett vorproduziert (hier z.B. die
schwarze Oberfläche der Nummerschalterhülle), um

sie sodann von unten, im Innenraum der Trommelhülle, in dort bereits eingestanzte Löcher, die den
Formen der Ziffern entsprachen, hinein zu spritzen.

Erneut sieht die KI die Vorstanzungen, exemplarisch bei einer „2", so (Abb. 17 und 18):

Hier sieht man das Ergebnis. Niemand kann erkennen, wie die Ziffern in Wirklichkeit beschaffen sind. Die schwarze, runde Oberfläche der Hülle bildet eine exakt glatte, gemeinsame Oberfläche mit derjenigen der Ziffern und ist nahezu nahtlos.

Die Ziffern erstrahlen, nach der langen Nutzzeit von 70 Jahren, immer noch in ihrem ursprünglichen Glanz!

Das Experiment.

Zunächst einmal sehen die Ziffern so aus, als seien sie gemalt oder aufgedruckt worden, es ist absolut keine Fuge oder Einkerbung, um die Ziffern herum, zu sehen, auch sind sie offensichtlich nicht aufge-klebt.

Wie finde ich aber heraus, was tatsächlich gemacht wurde, um diese Ziffern auf die Thermoplastfläche aufzubringen? Dabei war es wichtig, dass die Ziffern nicht durch Abrieb verblassen oder abgetragen werden konnten.

Schauen wir uns zu diesem Behufe einmal die Hülle des Nummernschalters von innen an (Abb. 19):

Und dann noch etwas näher (Abb. 20):

Dann sehen wir dort eine weiße Kunststofffläche, die mit einer Art Plastikgitter und zwei Nasen, links und rechts, scheinbar festgehalten wird. Schon bei der ersten Sichtung wird deutlich, diese Fläche ist nicht dafür geeignet, einfach so herausgenommen zu werden. Es steht schon vorab fest, dass sie zerstört werden wird, wenn man sie freilegen will.

Wofür ist sie also gedacht?

Offensichtlich soll sie gar nicht ausgetauscht werden können!

Soll sie etwa Licht nach vorne auf die Ziffernfläche durchscheinen lassen?

Bei der Überprüfung der Ziffernfläche auf der Hüllenoberfläche stellen wir fest, dass es sich <u>nicht</u> um eine lichtdurchlässige Schicht handeln kann; die Ziffern scheinen nicht durch, denn richtet man eine Taschenlampe auf die weiße Fläche im Inneren, erkennt man auf den Ziffern keinen Lichteffekt.

Was also ist nun damit?

Auf einem Bruchstück sieht man, dass die Ziffern eine Eigenfarbe haben (Abb. 21):

Aber, wie bereits festgestellt, kann man nicht erkennen, ob sie gemalt, gedruckt oder was auch immer sind. Glücklichweise habe ich eine defekte Nummernschalterhülle, die ich für ein Experiment opfern kann, denn nun muss das Teil auseinandergenommen werden, um herauszufinden, was es mit den Ziffern auf sich hat.

Schweren Herzens und mit notwendiger, brachialer Gewalt, zerbreche ich die Hülle. Mir ist ganz flau, denn so etwas habe ich noch nicht gemacht. Es scheut mich, ein so altes Teil (70 Jahre) endgültig zerstören zu müssen!

Dann die Überraschung, schauen wir es uns an (Abb. 22-24):

Die weiße Fläche stellt sich als eine Schicht heraus, die auf ihrer abgerundeten Oberfläche mutmaßlich erhaben aufgestanzte Ziffern haben könnte. Diese scheinen auf irgendeine Weise durch das schwarze Material der äußeren Hülle getrieben worden zu sein, höchstwahrscheinlich, in dem die schwarze Hüllenfläche wiederum vorgestanzte Löcher erhielt, um die erhabenen Ziffern der weißen Fläche aufzunehmen. Aber kann das wirklich sein? Wie soll ein Techniker oder auch eine Maschine erhabene Ziffern in winzige Löcher in der Oberfläche der Trommelhülle hineinpressen, ohne, dass dort ständig etwas abbricht?

Es muss sich total anders verhalten. Die scheinbare Kunststofffläche im Inneren der Hülle ist gar kein vorgefertigtes Kunststoffstück, sondern ist das Resultat eines Spritzvorgangs. Eine Maschine hat von unten, also vom Inneren der Hülle, eine weiße bzw. braune Kunststoffmasse in die Hüllenlöcher hineingespritzt, ohne, dass es auf der Oberfläche, dort, wo die Ziffern dann zu sehen sein werden, zu Austritten der Masse kommt, weil die Hülle mit einer Gegenform luftdicht abgeschlossen worden sein musste.

Der relativ hohe Aufwand dieser Lösung hat sich gelohnt: Man kann nun von außen beim besten Willen nicht erkennen, wie die Ziffern beschaffen sind und integriert wurden. Ich finde, diese Lösung ist zunächst unerwartet, aber genial, weil sie die Ziffern so haltbar für die „Ewigkeit" macht, schließlich sind sie zumeist heute noch so, wie sie gebaut wurden, weiß oder braun, je nach Telefonfarbe, in bester Qualität!

Epilog.

Mein Vorhaben, den Trommelwähler zu lackieren, ist noch nicht gestorben. Ich plane, die Problematik mit den Ziffern ebenso unerwartet zu lösen:

Der Trommelwähler soll lackiert werden und um die Ziffern kümmere ich mich danach, vielleicht geht es ja auch ohne?

Das Patent der Trommel.

Schauen wir uns zweckmäßigerweise doch einmal an, was im Patent bzw. Teilpatent des Trommelwählers zu den Ziffern steht:

Patentantrag der Siemens & Halke AG
v. 30.04.1951
(weitere Angaben im Anhang 1 /
Relevante Stellen sind hier
vom Autor gelb markiert):

„Das Hauptpatent betrifft eine Fernsprechstation mit Nummernschalter, dessen Bedienungsglied die Form eines Zylindermantels aufweist, der [sic!] auf einem dem Benutzer zugekehrten Teil seines Umfanges [sic!] die Fingeröffnungen enthält und um seine zur Standfläche der Station parallele Achse drehbar ist.

Bei der im Hauptpatent gezeigten Ausführung sind die Fingeröffnungen runde Löcher bzw. muldenförmige Vertiefungen im Zylindermantel. [...]

Durch die erfindungsgemäße Anordnung besteht die Möglichkeit, für die Herstellung der Wähltrommel aus spritzbarem Isoliermaterial, insbesondere Polystyrol, [...] zu verwenden [...]."

Hier wird zunächst die Nummernschalterhülle (*„Wähltrommel"*), in ihrer Anordnung und von ihrem Material her, beschrieben (mit einfachen Worten, wie sieht sie aus und woraus besteht sie?). Abb. 25:

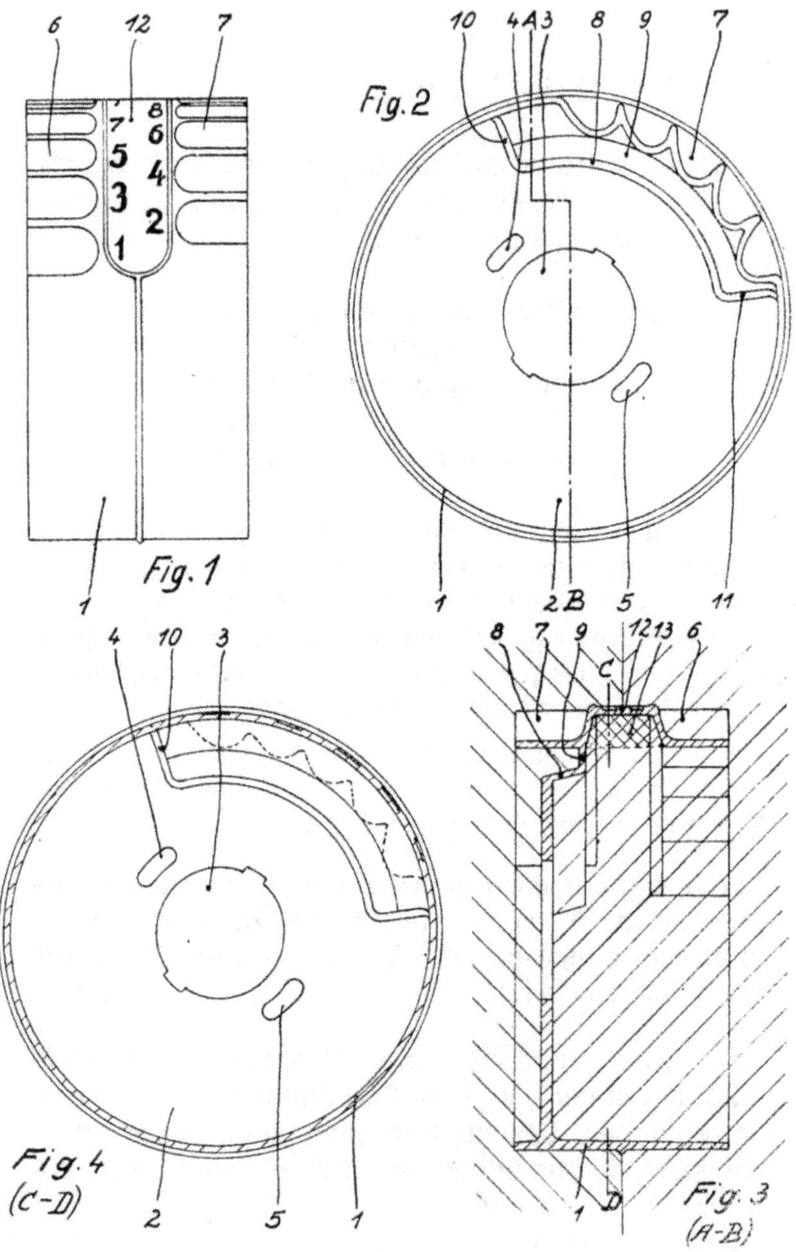

6
12
7
8
7
6
5
4
3
2
1
Fig. 1
1
10
4 A 3
8
9
7
Fig. 2
1
2 B
5
11
4
10
3
8
7
9
12 13
6
C
Fig. 4
(C-D)
2
5
1
1
D
Fig. 3
(A-B)

Dann folgt im Patentteil eine Beschreibung der Zifferngestaltung, zunächst, wo sie sich befinden sollen:

„Zwischen den beiden Reihen der Fingeröffnungen 6/7 ist ein freier Raum für die Anordnung der Ziffern 1-0.

Diese Ziffern können auf die beispielsweise schwarze Wähltrommel mit weißer Farbe bzw. Leuchtfarbe aufgebracht werden.

[Wie wir erfahren werden, geschah dies in dieser Form nicht, sie wurden zwar indirekt aufgebracht, aber hier hört es sich so an, als würden sie aufgemalt oder etwa geklebt, Hinzuf. d. Verf.]

Der äußere Mantel kann aber auch [sic!] mit den Zahlen [sic!] entsprechende Vertiefungen versehen werden, die mit weißer bzw. Leuchtfarbe ausgefüllt werden.

[Dies kommt der endgültigen Gestaltung sehr nahe, denn tatsächlich können diese Vertiefungen (hier Löcher) in der Trommelhülle, realiter von unten (bzw. von innen, in der Hülle) mit einer flüssigen Spritzmasse gefüllt worden sein. Die Hülle war bei diesem Vorgang fest in einer Auffangschale einer Maschine so gelagert, dass das Spritzmaterial nicht über den Hüllenhorizont hinausquellen konnte und direkt an diesem aushärtete, Hinzuf. d. Verf.]

Ein weiterer Weg zur Erstellung der Ziffern besteht darin, dass diese in einem Mehrfach-Spritzverfahren hergestellt werden, z.B. in der Weise, dass die Wähltrommel im ersten Arbeitsgang mit den Zahlen bzw. den Zeichen entsprechenden Hohlräumen gespritzt wird und diese Hohlräume in einem zweiten Arbeitsgang mit andersfarbiger Spritzmasse ausgespritzt werden.

[Genau hier wird der Vorgang der Zifferneinbringung sogar explizit beschrieben, denn tatsächlich können diese Vertiefungen (hier Löcher) in der Trommelhülle, realiter von unten (bzw. von innen in der Hülle) mit einer flüssigen Spritzmasse gefüllt worden sein. Die Hülle war bei diesem Vorgang fest in einer Auffangschale einer Maschine so gelagert, dass das Spritzmaterial nicht über den Hüllenhorizont hinausquellen konnte und direkt an diesem aushärtete, Hinzuf. d. Verf.]

An diesen hier zitierten Stellen im Patentantrag wird zum ersten Mal und nur hier, als einzig bekannte Quelle in der mir vorliegenden Literatur, konkret von der Umsetzung der Zifferngestaltung berichtet.

Die umgekehrte Reihenfolge ist ebenfalls anwendbar, d.h. man kann erst die Ziffern oder Zeichen spritzen und diese, die zweckmäßig durch die Stege zu einem Spritzteil zusammengefasst sind, dann in einem zweiten Arbeitsgang mit der Wähltrommel umspritzen.

Da ist im ersten Passus von *„weißer Farbe bzw. Leuchtfarbe"* die Rede, die aufgebracht werde, eine Variante, die ich ganz am Anfang meiner Überlegung fast logischerweise ebenfalls als These angenommen hatte: *‚Die Ziffern müssen gemalt oder aufgedruckt sein.'*

Im zweiten Abschnitt wird aber davon gesprochen, dass die Trommelhülle direkt mit den Löchern, (hier „Hohlräume" genannt) zusammen „gespritzt" werden könnte. Eine Variante, wie ich sie dann auch durch mein zukünftiges Experiment verifizieren konnte, die Hülle wurde tatsächlich mit den eingestanzten Ziffernlöchern <u>zusammen</u> gespritzt, sie war also fertig für die Aufnahme einer „Ziffernmasse", um die Hülle mit ihren Ziffern zu vollenden.

Anschließend wollte man diese Hohlräume, in einem zweiten Arbeitsgang, *„mit andersfarbiger Spritzmasse"* ausspritzen. Das geschah durch das Einspritzen von unten in die vorgestanzten Löcher der Hülle hinein. Im Inneren der Hülle entstand dann eine scheinbare, rechteckige Unterfläche, die wie ein eingesetztes Gesamtstück wirkt. Tatsächlich hatte sich die Füllmasse dort nur verteilt und erhärtete in einer dünnen weißen bzw. braunen Schicht.

Was genau nun die *„umgekehrte Reihenfolge"* im letzten Abschnitt des Patentantrags bedeuten soll, ist nicht auf Anhieb nachzuvollziehen. Die Ziffern sollen zuerst gespritzt werden (einzeln?), um sie dann durch die „Stege" (was genau dies sein soll, erschließt sich mir nicht), zu einem „Spritzteil" zu vereinen und sie dann, zusammen mit der Trommelhülle, umzuspritzen.

Abgesehen vom etwas verschwurbelten Duktus dieses Abschnittes hakt diese Beschreibung an der Stelle, wo beide Teile zusammen umgespritzt werden sollen. Ist damit die Spritzmasse gemeint oder etwa die endgültige Farbe? Wäre es die Farbe, so

würde aus einem weißen oder braunen Ziffern-
material dann wiederum eine gemeinsame Farbe
mit der Basisfarbe des Telefons, hier z.B. schwarz,
was das Ganze ad absurdum führen würde, denn
die Ziffern wären dann nicht zu sehen.

Die vorliegenden Formulierungen sind jedoch unlo-
gisch, denn ein Umspritzen würde als Farbum-
spritzung, aber auch als Materialneuspritzung nicht
zu unserem realen Ergebnis führen können.

In der Zusammenfassung der „Patentansprüche" ist
am Schluss des Patentantrages wiederholend zu
lesen:

„8. Fernsprechstation nach Anspruch 1, dadurch gekennzeichnet, dass zwischen den beiden Reihen
der Fingeröffnungen bzw. muldenförmigen Vertiefungen (6/7) die Ziffern der Wähltrommel vorgesehen sind.

9. Fernsprechstation nach Anspruch 8, dadurch
gekennzeichnet, dass die Ziffern farbig bzw. in
Leuchtschrift auf die Trommel aufgebracht oder
in Vertiefungen entsprechend der Ziffern ausgelegt oder im Mehrfachspritzverfahren erstellt
werden."

Hier, im letzten Passus unter 9 wird angedeutet,
wie es am Ende aussehen könnte:

Es gibt also:

„Vertiefungen" (Löcher), *„entsprechend der Ziffern"* (also, die die Form der Ziffern haben) und

eine Spritzmasse, die in diese Löcher von unten
hineingepresst   wird   (Mehrfachspritzverfahren,
weil es zwei Vorgänge sein werden).

Die Entwicklung nach dem Trommelwähler.

Nach der Einführung des Trommelwählers ging, schon nach wenigen Jahren, die Entwicklung zurück zu einer Version mit **Drehwählscheibe (FgTist 282)**, wie man sie seit den Anfängen gewohnt war und danach, als Testversion, mit **Tastenfeld (FgTist 283)**. An dieser Stelle geht es jetzt erst einmal um die Gestaltung der **Hauben**.

Die Haube des Trommelwählers sieht auf den ersten Blick genauso aus, wie die seiner beiden Nachfolger, wenn man sie jedoch losgelöst vom vom Gerät betrachtet, fallen einem die feinen Unterschiede auf. Die Haube des Trommelwählers wurde in ihrem Mittelteil der Wähltrommel angepasst.

Die beiden Nachfolger (mit Wählscheibe bzw.Tasten) sind jedoch formtechnisch identisch, bis darauf, dass die Wählscheibenversion eine große **Öffnung (Loch)** zur Aufnahme des Nummernschalters aufweist, während das Tastenfeld eine rechteckige Einlassung hat, die mit einer entsprechend separat hergestellten Platte, mit zwei Reihen, mit je fünf rechteckigen Löchern, versehen ist.

Was noch auffällt, die Nachfolgervariante mit Wählscheibe gab es in den Farben:

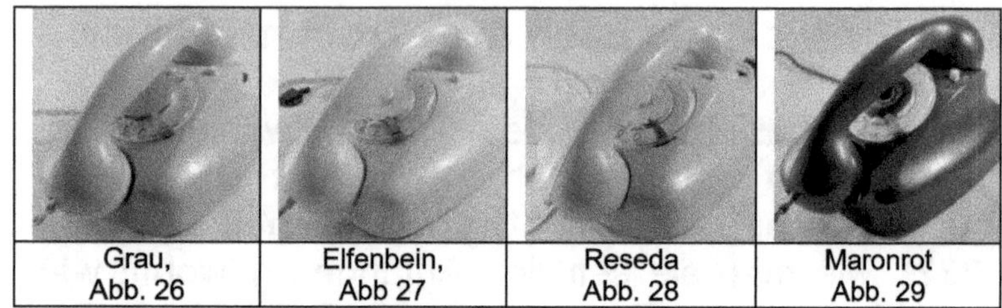

Grau, Abb. 26	Elfenbein, Abb 27	Reseda Abb. 28	Maronrot Abb. 29

Dunkelgrün und Hellrot des Trommelwählers fehlen ganz. Die Tastenversion gab es nur in Grau:

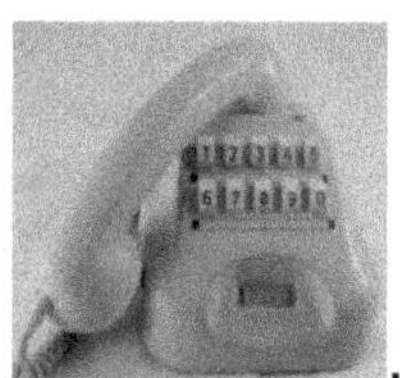

Abb. 30

Hier sind, zum Vergleich, die schwarze für den Trommelwähler und die jeweiligen grauen Varianten für die beiden Nachfolger abgebildet:

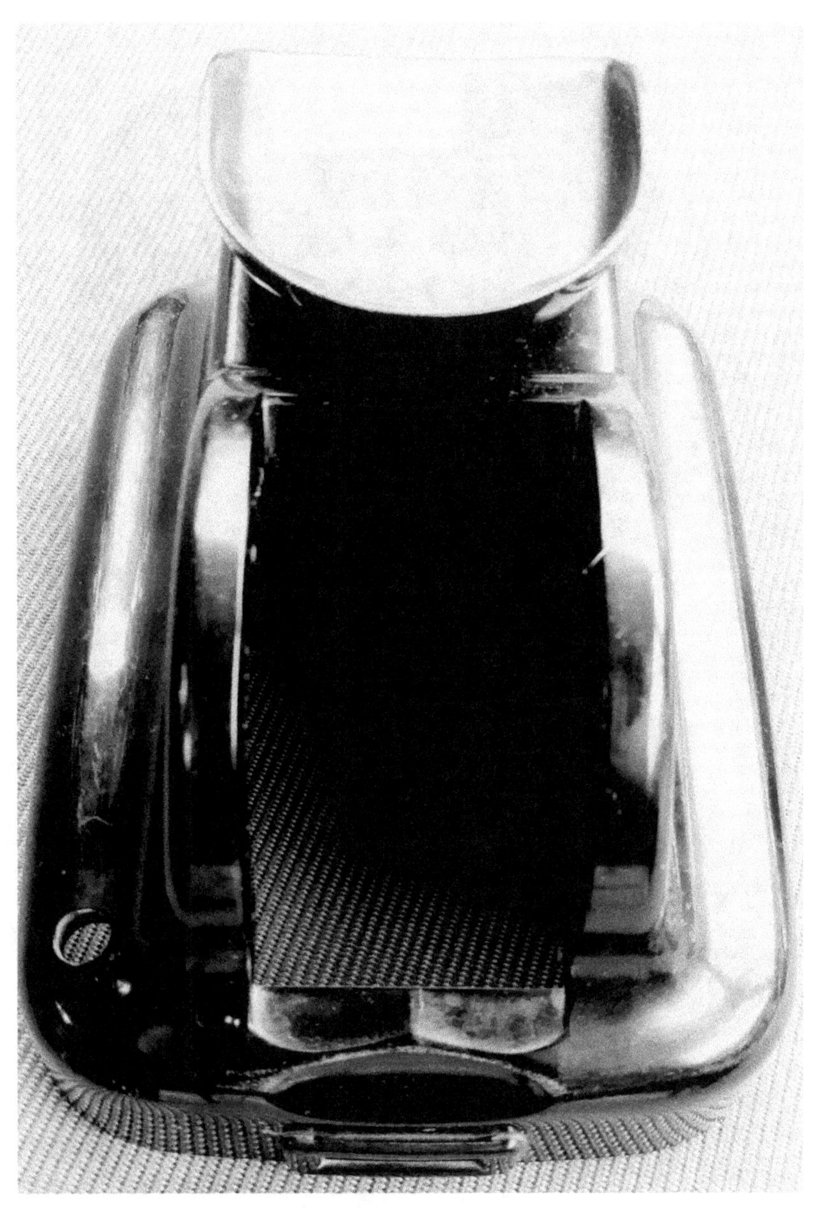

Abb. 31

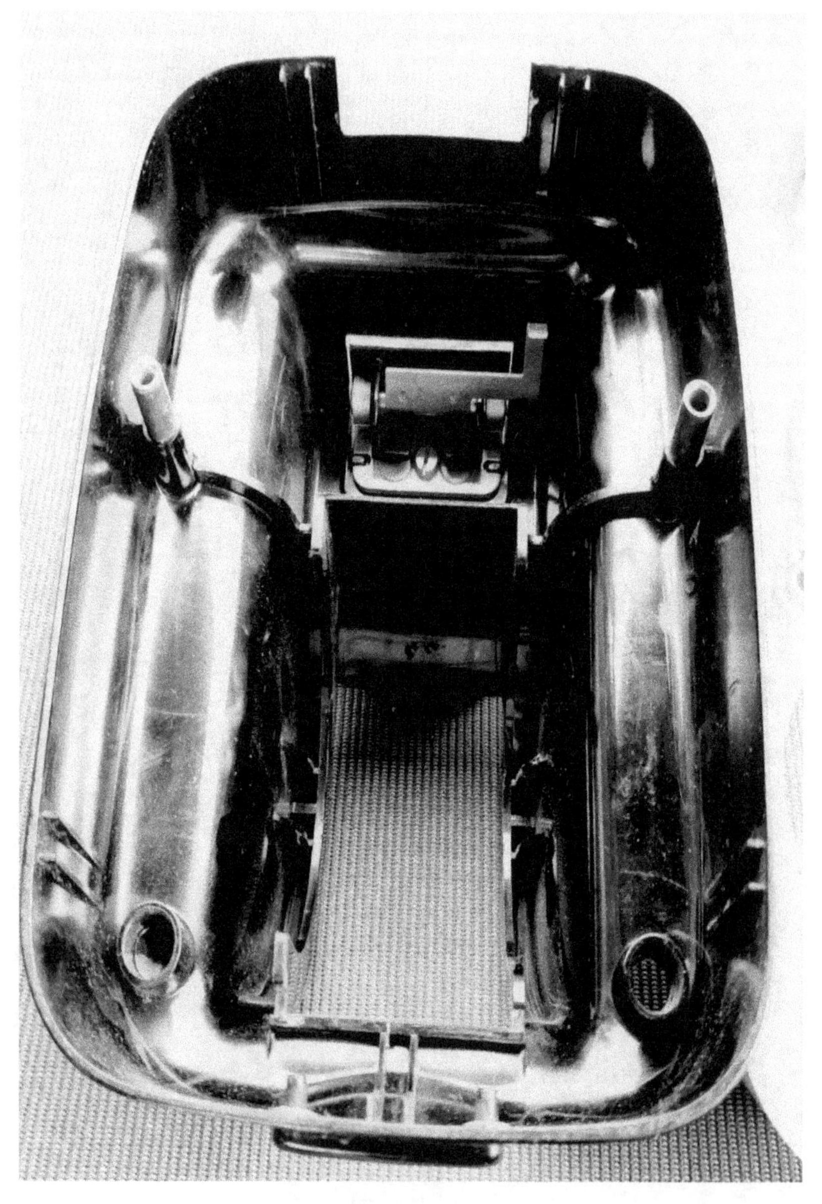

Abb. 32

Der FgTist 282, der unmittelbare Nachfolger des Trommelwählers, von vorne:

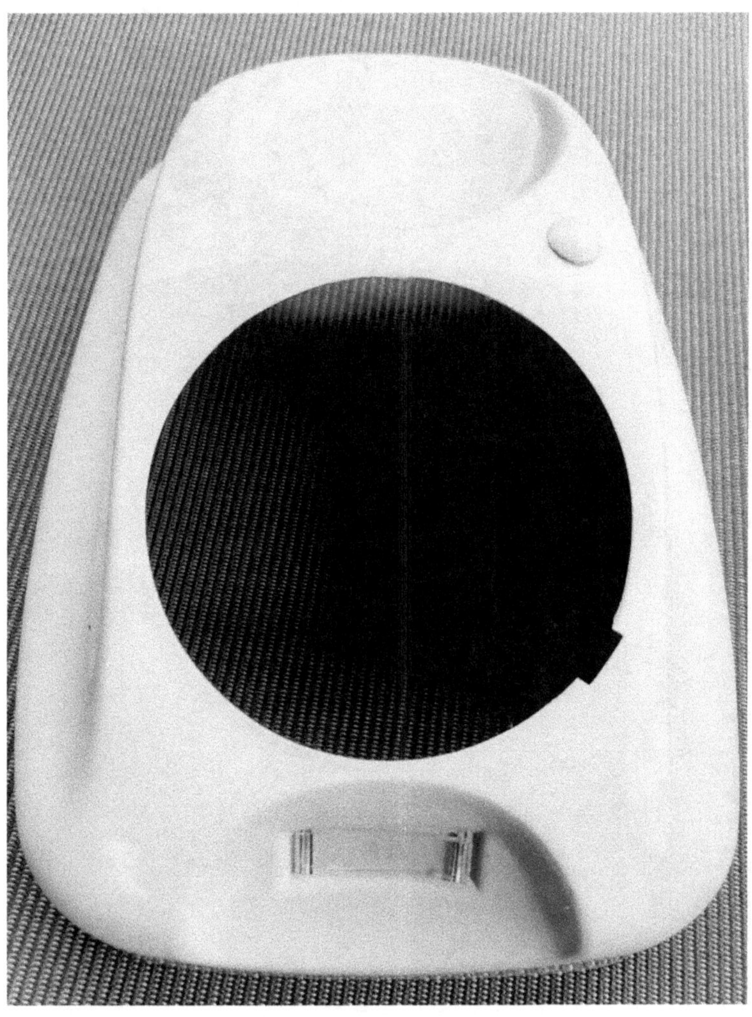

Abb. 33

Und im Inneren:

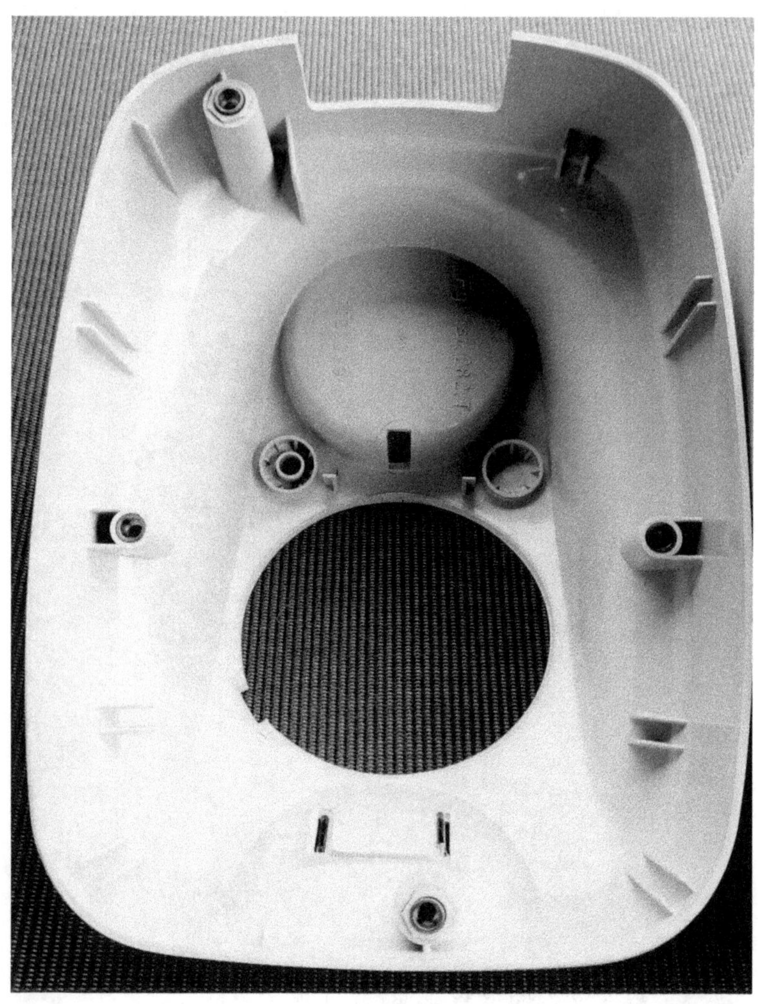

Abb. 34

Der FgTist 283, der Nachfolger des Trommelwählers, als Tastenversion, von vorne:

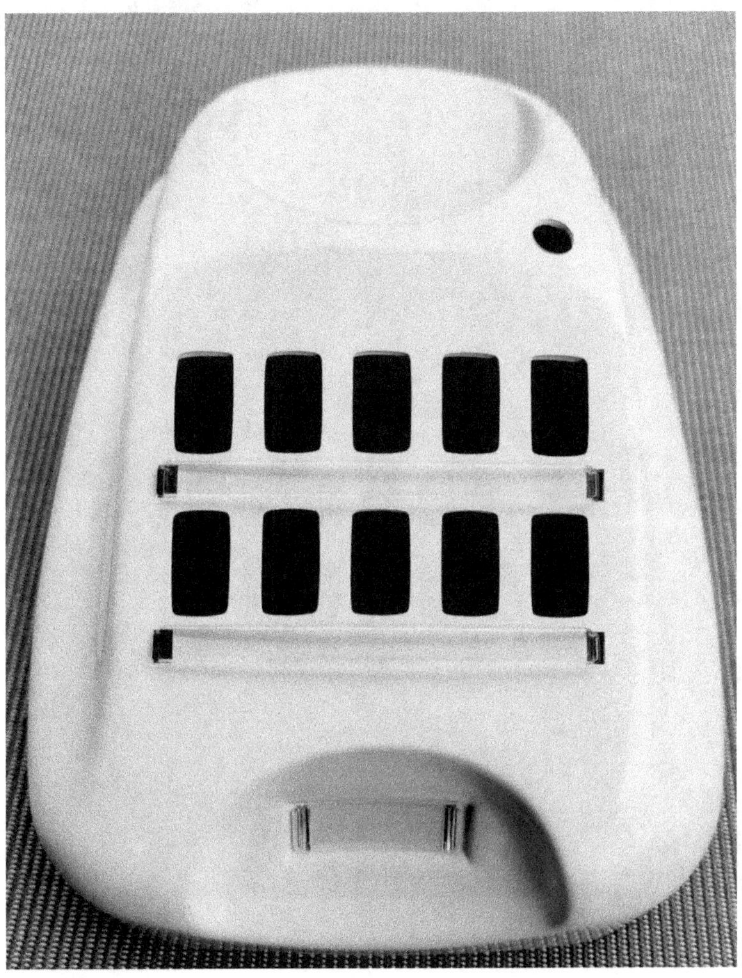

Abb. 35

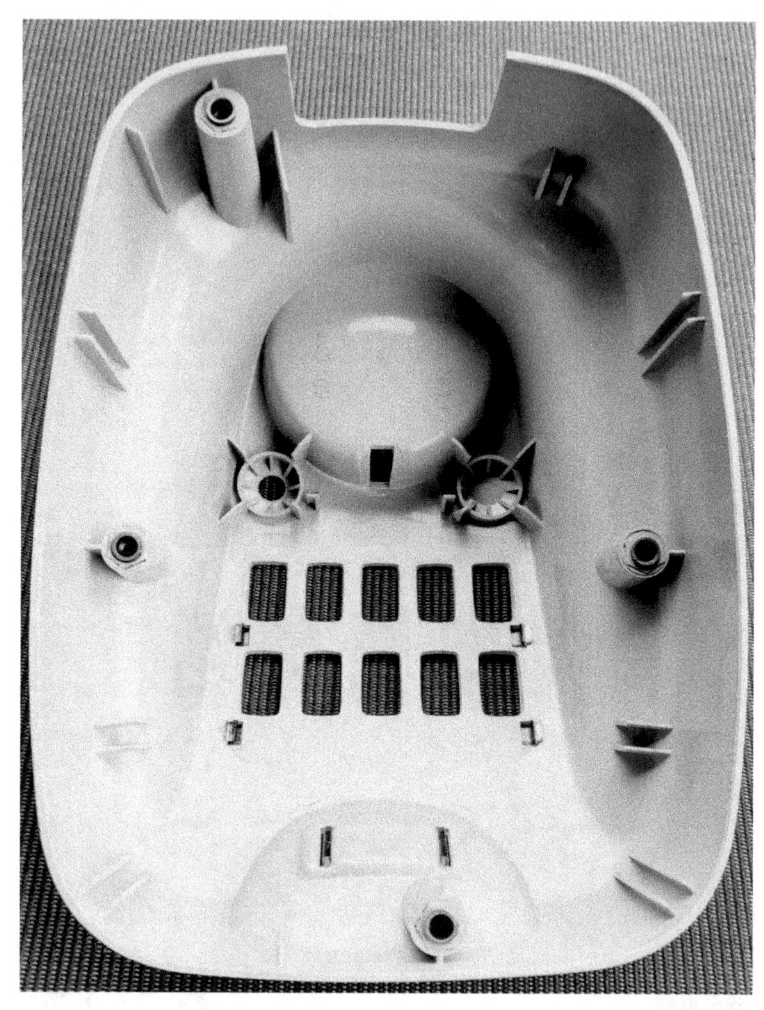

Abb. 36

Und das Tastenfeld von innen:

Hier alle drei nebeneinander, von vorne (Abb. 37 und 38):

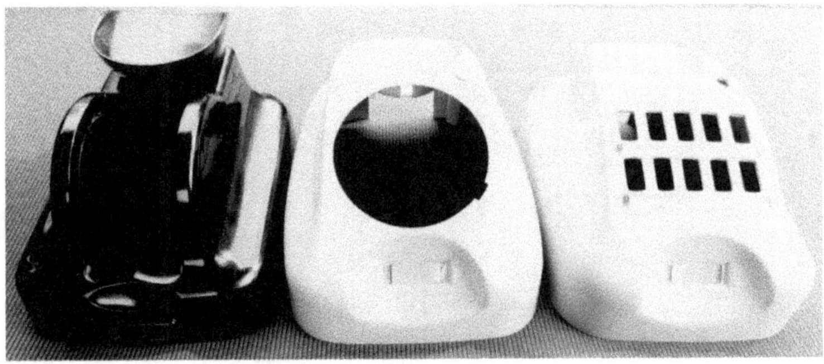

Zuletzt die Geräte komplett:

Abb. 39 und 40

Abb. 41

Die Rückkehr zur Drehwählscheibe beim FgTist 282 war eine Bekenntnis, dass der Trommelwähler gescheitert war. Wir erinnern uns, das Hauptargument gegen die Trommel galt der Tatsache, dass die Anwender:innen über das Abrutschen der Finger (und das Abbrechen von Fingernägeln bei den Damen) klagten. Überdies galt die Zugbewegung nach unten als sehr ungewohnt und doch zu innovativ.

Der Versuch, die Wählscheibe auf eine andere, völlig neue und revolutionäre Weise durch Tasten zu ersetzen, führte schließlich zu den ersten Prototypen. Der FgTist 283 war somit der erste in Serie gefertigte seiner Art.[6]

Letztlich wurde diese Neuigkeit Teil eines weltweiten Umschwungs, der eine ähnliche Bedeutung bekam, wie später das Mobiltelefon oder der Flachbildschirm:

Aus der Dreh- und Zugbewegung wurde nun eine neue Technologie geboren, die bereits Ende der 1950er Jahre später das Mobiltelefon und noch später ein Telefon, ganz ohne physische Tasten, nämlich das Smartphone vorwegnahm und ermöglichte. Das Smartphone basiert noch heute auf der Idee dieser Tasten, nur dass wir sie jetzt nur virtuell bedienen.

---

[6] Vgl. **Arbenz, Dietrich:** Vom Trommelwähler zu Optiset E. Die Geschichte der drahtgebundenen Telefone für die Wähl-Nebenstellenanlagen von Siemens (1950-2000). Herbert Utz Verlag. München, 2009, S. 157, oben.

Das „Archiv-Debakel".
Eine kritische Anmerkung.

Archive oder in unserem Fall das „Siemens Historical Institute" sind sinnvolle und spannende bildungsunterstützende Einrichtungen, in unserem Falle eines Weltunternehmens.[7] Dieses hat hohe Ansprüche an sich selbst:

„Als zentrales Archiv am Unternehmenssitz Berlin [sic!] haben wir den Auftrag, das Wissen über die 175-jährige Geschichte und Entwicklung des Technologiekonzerns zu dokumentieren und weiterzugeben. Wir sichern, erschließen und analysieren schriftliche Dokumente, Bilder, Filme und Produkte aus der Geschichte der Siemens AG und ihrer Vorgängerunternehmen."

Hehre Ziele, die das SIH sicherlich auch mit viel Aufwand und Akuratesse betreibt, aber die simple Wirklichkeit sieht, am 22.06.2024, seit 2020, so aus:

„Information für Archivbesucher. Das Archiv des Siemens Historical Institute bleibt [sic!] bis auf Weiteres [sic!] für Besucher geschlossen. Wir informieren Sie hier über die Änderungen der Zugangsbeschränkung." [8]

---

[7] Zitieren von Quellen im Internet: www.siemens.com/de/de/unternehmen/konzern/geschichte/siemens-historical-institute/archiv.html. Status: 22.06.2024

[8] www.siemens.com/de/de/unternehmen/konzern/geschichte/siemens-historical-institute.html. Status ebd.

Einzig, es fehlt das „Warum" und das „Wie lange noch?!"

Die Entwicklung meines Versuches seit September 2020, Zugang zum SIH zu erlangen:

1. Anfrage vom 5.9.2020. Antwort vom 9.9.2020:

„Haben Sie vielen Dank für Ihre Anfrage. In digitaler Form haben wir zu den Fg tist 261 und 264 lediglich Vertriebsunterlagen. Da kann man zum Beispiel erfahren, daß [sic!] die beiden Apparate erst im Jahr 1967 auf die offizielle Siemens-Verschrottungsliste gesetzt wurden. Ob Schriftgut in Papierform dazu vorhanden ist, können wir im Moment nicht sagen, da unser Archiv Coronabedingt noch bis 30.09. geschlossen ist und alle Mitarbeiter ausnahmslos im Homeoffice tätig sind. Erst danach wird die Situation neu bewertet [...]."

2. Fortsetzungsfrage zum Prozedere vom 9.9.2020. Antwort vom 10.9.2020:

„Sie können die Sie interessierenden Dokumente gerne in unserem Archiv einsehen, sobald es wieder geöffnet ist. Der Export der digital vorliegenden Vertriebsunterlagen aus unseren Datenbanken ist leider sehr aufwendig. Das können wir derzeit nicht leisten. [..., Diese Auslassung wurde aus Datenschutzgründen vorgenommen, Anm. d. Verf.]. Das verbleibende

Team hat im Moment leider keine Kapazitäten, um eine solche umfangreiche Anfrage zu bearbeiten. Wir bitten sehr um Verständnis. Bitte melden Sie sich im Lauf des Oktober [sic!], um zu sehen, ob wir wieder geöffnet haben.

3. Fortsetzungsantwort über Dritte vom 9.9.2020. Antwort vom 2.10.2020:

„So kommen wir auch über diesen Weg wieder zusammen! In der Tat ist unser Archiv in Siemensstadt noch nicht wieder für Archivnutzer geöffnet, und dies wird voraussichtlich auch noch bis Ende diesen [sic!] Jahres der Fall sein.

Mein Eindruck ist, dass Sie für die Fertigstellung Ihres Manuskripts tatsächlich auf sehr spezifische Unterlagen und Informationen aus unseren Beständen zurückgreifen müssen, daher kann ich Sie leider auch nur um noch ein wenig mehr Geduld bitten, bis es uns wieder möglich ist, unser Archiv für Besucher zu öffnen.“

4. Fortsetzungsanfrage vom 14.7.2021. Antwort vom 20.7.2021:

„Vielen Dank für Ihre Anfrage an das Siemens Historical Institute. Ein Besuch in unserem Archiv ist derzeit nicht möglich. Im Moment ist wegen den unternehmensinternen Regelungen noch nicht absehbar, wann wir wieder öffnen können. Daher kann ich Ihnen auch noch nichts zu Ihrem angefragten Zeitpunkt sagen.

Bitte schauen Sie doch unter dem beigefügten Link. Dort zeigen wir an, wenn unser Archiv wieder geöffnet ist. Dann können Sie sich gern noch einmal bei mir melden.

https://new.siemens.com/de/de/unternehmen/konzern/geschichte/siemens-historical-institute.html"

5. Telefonische Fortsetzungsanfrage im Sommer 2023. Antwort (aus Gedächtnisprotokoll):

‚Das Archiv hat wegen Umbauarbeiten weiterhin geschlossen.'

6. Fortsetzungsanfrage vom 14.6.2024. Nach mehreren Telefonatversuchen fl. Antwort vom 19.6.2024:

„Vielen Dank für Ihre Mail im Nachgang unseres Telefonats. Leider muss ich Ihnen mitteilen, dass das Siemens Historical Institute (SHI) bis auf Weiteres geschlossen bleibt. Wann die Zugangsbeschränkungen aufgehoben werden, können Sie unserer Website entnehmen.

https://www.siemens.com/de/de/unternehmen/konzern/geschichte/siemens-historical-institute.html

Wir werden aber recherchieren, ob Unterlagen zu den entsprechenden Telefonen im SHI überliefert sind. Angesichts des aktuell sehr hohen Aufkommens an Anfragen muss ich Sie allerdings um Geduld bitten."

Wir alle kennen die Folgen von Corona und ebenso diejenigen von Umbauarbeiten oder Reparaturen aus unserem eigenen Leben und Wirken. Nur ist es schwierig zu verstehen, dass das Archiv eines Weltunternehmens nunmehr über vier ganze Jahre benötigt, seine Tore wieder zu öffnen. So muss ich mich weiterhin gedulden und abwarten, ob ich jemals Zugriff auf erwartbar wertvolle Informationen erhalten werde.

Hilfreich war diese frustrierende Erfahrung letztlich aber dann doch, ich war motiviert, insgesamt bis heute vier Bände über unseren Freund, den Trommelwähler, zu schreiben und bin weiterhin bereit und willens, die Geschichte dieses Kleinodes weiter niederzuschreiben, selbst wenn es einen fünften Band erforderlich machen sollte.

Problemlösungsansätze.

Der Wähltrommel wurde nachgesagt, sie sei die Verursacherin für den wirtschaftlichen und emotionalen Misserfolg des Trommelwählers, in seinen Anfangsjahren. Die Zugbewegung nach unten sei ungewohnt, abrutschgefährdet und mache keinen Sinn, weil die Anwender:innen weltweit, seit über einem halben Jahrhundert, Drehbewegungen beim Wählen gewohnt seien. Insbesondere die Damen der Schöpfung litten unter den Problemen, dass sie beim Wählen abrutschten und dabei ihre gestylten Nägel abbrachen.

Zugegeben, die Erfahrung des Abrutschens habe ich als Sammleranwender tatsächlich auch gemacht, der Finger neigt dazu, beim Wählen abzurutschen, es sei denn, man übt den Vorgang und konzentriert sich, dann hört dieses Manko irgendwann tatsächlich auf.

Schauen wir uns einmal an, wie das Profil der Trommel aussieht:

Abb. 42

Würde man die Vertiefungen (hier nach links aus-
gebeulte Fingerlöcher) nach innen tiefer gestalten
(Platz wäre dafür da), dann würde der Finger mutmaßlich tiefer eingreifen und nicht mehr abrutschen
können. Technisch wäre dies also möglich gewesen. Wäre der Trommelwähler monetär erfolgrei-
cher gewesen, hätte man, mit Sicherheit, eine solche Lösung versucht. Denn die Tatsache, wie akribisch, ausgeklügelt und aufwändig die Entwickler
z.B. die Ziffernthematik (siehe „Das Experiment")

gelöst hatten, wäre die Lösung dieses Problems ebenso ein Leichtes gewesen.

Abb. 43

Der Trommelwähler war seiner Zeit voraus und man schätzte sein Design und seine vielen Vorzüge nicht mehr ausreichend. Andere Konzepte, wie der Drehnummernschalter, saßen zu fest im Sattel der Geschichte. So wurden jedoch alle Konzepte, seien es die althergebrachten, die über ein Jahrhundert Kommunikation ermöglicht hatten oder die innovativen, wie die des Trommelwählers, alsbald Opfer einer revolutionären Veränderung, die uns heute im Alltag begleitet und unser gesamten, modernes Leben prägt:

Das Smartphone und das Internet.

Kommunikation hat sich radikal verändert. Wir telefonieren weniger, manche sogar gar nicht mehr, wir „whatsappen" oder schreiben Textnachrichten, die direkte Art, miteinander zu sprechen, ohne einen zeitlichen Abstand, wie bei Audiobotschaften über soziale Dienste, scheint auszusterben.

So wurde aus der Multiplizierung von Kontaktmöglichkeiten weniger, direkter Kontakt, anstatt mehr.

Der Treppenwitz einer technologischen Revolution!

Das Projekt.

Mein Projekt, den dunkelgrünen Trommelwähler exemplarisch nachzubilden, beschäftigt mich nun seit Wochen. Eigentlich hasse ich das nachträgliche Lackieren von Telefonen; oft werden solch Lackierte im Internet angeboten und ihre unnatürliche Farbigkeit dabei als selten und besonders eindrucksvoll hoch gelobt und angepriesen. In Wirklichkeit haben ihre „Bemaler" das Gerät zerstört, denn es ist weder original, noch schön. Besonders perfide ist es, wenn diese ursprünglich schönen alten Telefone eine Farbe erhalten, die es tatsächlich gar nicht bei diesem Gerät oder überhaupt sonst gegeben hatte.

Wie auch immer, ich bin fest davon überzeugt, dass mein Projekt eine historische Berechtigung hat. Wenn es (für mich) keinen grünen Trommelwähler mehr zum Vorzeigen und Vorschwärmen gibt, muss ich ihn mir künstlich erzeugen. Dies ist ein völlig anderes Unterfangen, als Farben um der Farben willen zu erzeugen.

Das Problem in diesem Falle aber ist, dass ich kein Original zur Verfügung habe, an dem ich die richtige Konsistenz des Farbtons feststellen kann. Dies ist zwar rein optisch, mit Hilfe von RAL-Farbkarten theoretisch möglich, trifft aber meist den richtigen Ton doch nicht. Das liegt auch an der gekrümmten Oberfläche der Haube oder des Hörers, die den Originalton optisch verfälschen können. Richtig und eindeutig wäre es nur, ein spezielles Gerät zu nutzen, das die RAL-Farben ausliest, indem es durch einen Laser oder Sensor tief in die Farbschicht eindringt und die Farbanteile genau auslesen kann. Ein solches Gerät ist sehr teuer, aber Lackieranstalten nutzen solche Anlagen.

Ein weiteres Problem dabei, ich habe eben kein Originaltelefon mit dieser Farbe, das ich einem Lackierer als Muster anbieten könnte und das Gerät, vom dem ich weiß, dass es bei einem Sammlerkollegen existiert, ist von mir weit weg und ich kann dem Besitzer nicht zumuten, ein solches Vorhaben für mich zu erledigen. Also werde ich nicht umhin kommen, einen Lackierer bei mir vor Ort zu finden, der den richtigen RAL-Ton, anhand einer Abbildung, herausfinden kann. Diese Vorgehensweise birgt allerdings das Risiko, dass das Farbergebnis enttäuschend sein könnte und was dann?

Inzwischen habe ich eine Lösung für die „Ziffernproblematik" gefunden. Erinnern wir uns:

- o Die Ziffern sind von innen in die fertige Trommelhülle hineingespritzt worden,

- o sie sind weder aufgemalt, noch aufgedruckt,

- o sie sind, je nach Telefonfarbe, weiß oder braun.

Wenn ich also nun die Hülle lackiere, werden die Ziffern übermalt und sind somit verloren.

Ich habe nun einer Werbefirma den Auftrag erteilt, die Ziffern bzw. ihre oval eingefasste Fläche mit den Ziffern (s.u.) als Aufkleber zu drucken. Obwohl ich alles im Detail erklärt und ihnen eine Trommelhülle als Muster vor Ort gelassen hatte, druckten sie den Hintergrund in Schwarz.

Ich brauche jedoch einen transparenten Hintergrund, damit der grün lackierte Teil nicht mit der „Farbe" Schwarz überklebt wird.

Abb. 44

Abb. 45

Ich bin gespannt, wie es weitergehen wird; zusammen mit dem Schatz, den ich eines Tages im Historischen Institut (Archiv) der Siemens AG zu heben hoffe, werde ich, vielleicht und hoffentlich bald, über mein „Lackierexperiment" in einem fünften Band über den Trommelwähler berichten können:

**Der Trommelwähler – Band 5 –
Archive und Experimente
(Arbeitstitel).**

Anhang 1.
Das Patent für die Nummerschalterhülle.

Kl. *[FD]* <21a^3> *[HV]*   Gr. *[FD]* <16/01> *[HV]*   Pat.-Abt. *[FD]* <VIIIa> *[HV]*

Bekanntgemachte und ausgelegte Anmeldung
(§ 30 des Patentgesetzes)

> 21a^3, 16/01. S 23016. Erf: Bernhard
> Jörgensen, Berlin-Siemensstadt Anm.:
> Siemens & Halske Aktiengesellschaft,
> Berlin und München. | Fernsprechsta-
> tion mit Nummernschalter; Zus. z.
> Anm.

Auszug aus der Umschreib.-Verfügung

<1> *[HV]* Antrag

Antrag mit Prioritätserklärung

Antrag mit Niederlegungserklärung

Vollmacht (die z. Zt. Der Bekanntmachung gültige)

Prioritätserklärung

Niederlegungserklärung

Aktenvermerk über die Niederlegung

<1> *[HV]* Erfinderbenennung

Aktenvermerk über Nichtnennung des Erfinders

Aktenvermerk über die Nachholung der Erfinderbenennung

Prioritätsbelege

Einleitung

<1> *[HV]* Beschreibung

Nachtrag

<9> *[HV]* Ansprüch<e> *[HV]*

<1> *[HV]* Zeichnung

Gutachten

Tafel

Modell-Proben   **15.5.52 *[SA]***

<S 23016 VIIIa/21a^3>*[HV]*
(Aktenzeichen)

MÜNCHEN | BERLIN [SA]

PA.-B. 31480-4.5.51 *[SA]*

13/51 622 *[SA,* dieser Stempelaufdruck wird vom ersten teilweise überlagert, Hinzuf. d. Verf.*]*

SIEMENS
SIEMENS & HALSKE AKTIENGESELLSCHAFT
BERLIN UND MÜNCHEN
PATENTABTEILUNG

An das
Deutsche Patentamt

<u>München 26</u>
Museumsinsel 1

Ihre Zeichen	Ihre Nachricht vom	Unsere Zeichen	(1) BERLIN-SIEMENSSTADT
			Verwaltungsgebäude
		PA 9/600/480a	den **30. APR. 1951 *[SA]***
		PA 13/51622	

Betrifft PA 13/51 622

Wir beantragen, uns ein Patent zu erteilen für die Erfindung

„Fernsprechstation mit Nummernschalter"
Zusatz zu (Anm. p 3316/VIIIa/21a3) (Bl. 13/49 605)

Es liegen bei:

3 Beschreibungen mit **9 *[MV]*** Patentansprüchen
3 *[MV]* Zeichnungen (~~Karton~~ *[MV, durchgestrichen mit x]* Transparente)
1 vorbereitete Empfangsbescheinigung
1 Erfindernennung und
1 Doppel hiervon
2 Doppel des Antrages

25,00 DM Anmeldegebühr werden überwiesen.

Wir beantragen die Veröffentlichung (wie Bekanntmachung, Drucklegung und dergl.) bis zur gesetzlichen Höchstdauer auszusetzen.

Siemens & Halske
Aktiengesellschaft
[Originalunterschrift, Hinzuf.d. Verf.]
Generalvollmacht 144/50
Richter

<u>**11 *[MV]*** Anlagen</u>

PA.-B. 31480-4.5.51 *[SA]*

[Siemens-Schriftzug und Logo, nur ganz schwach zu erkennen, Hinzuf. d. Verf.]

13/51 622 *[SA]*

SIEMENS & HALSKE AKTIENGESELLSCHAFT
BERLIN UND MÜNCHEN
PATENTABTEILUNG

An das
Deutsche Patentamt
<u>München</u>
Deutsches Museum

Ihre Zeichen	Ihre Nachricht vom	Unsere Zeichen	den
		PA 13/51622 PA 9/600/480a	Berlin-Siemensstadt, **30. APR. 1951** *[SA]*

Betrifft   Anmeldung   PA 13/51 622

Titel   Fernsprechstation mit Nummernschalter
Zusatz zu p. 3316 VIIIa/21a3) (PA 13/49/605)

Wir nennen als Erfinder

Herrn **Bernhard Jörgensen**

Beruf **Ingenieur**

Wohnung **Berlin-Siemensstadt, Quellweg 73**

und

Herrn

Beruf

Wohnung

Wir versichern, dass weitere Personen unseres Wissens an der Erfindung nicht beteiligt sind.
Das Recht auf das Patent ist auf Grund des Anstellungsverhältnisses des Erfinders (der Erfinder) und
der gesetzlichen Bestimmungen über Angestelltenerfindungen an uns gelangt.

**Siemens & Halske
Aktiengesellschaft**
[Originalunterschrift, Hinzuf.d. Verf.]
Generalvollmacht 144/1950
Richter

<u>1 Doppel</u>

Fernsprecher	Fernschreiber	Drahtwort	Postscheckkonto

127

Siemens & Halske   Berlin-Siemensstadt, den **30. APR. 1951** *[SA]*
Aktiengesellschaft

13/51 . 622 *[SA]*

Fernsprechstation mit Nummernschalter
(Zusatz zu p 3316/VIIIa/21a3 <B> *[HV]*) <(PA. 13/49/605)> *[HV*, durchgestrichen]

Das Hauptpatent betrifft eine Fernsprechstation mit Nummernschalter, dessen Bedienungsglied die Form eines Zylindermantels aufweist, der auf einem dem Benutzer zugekehrten
Teil seines Umfanges die Fingeröffnungen enthält und um seine zur Standfläche der Station
parallele Achse drehbar ist.

Bei der im Hauptpatent gezeigten Ausführung sind die Fingeröffnungen runde Löcher bzw.
muldenförmige Vertiefungen im Zylindermantel.

Die vorliegende Erfindung stellt eine Weiterbildung der Anordnung nach dem Hauptpatent
dar und besteht darin, dass die breiteste Stelle der Fingeröffnungen bzw. der muldenförmigen Vertiefung bis an den Rand des Zylindermantels heranreicht.

Durch die erfindungsgemäße Anordnung besteht die Möglichkeit, für die Herstellung der
Wähltrommel aus spritzbarem Isoliermaterial, insbesondere Polystyrol, eine Form zu verwenden, bei der

---

die Teile der Form, welche die Fingeröffnungen bilden, fest im Unter- bzw. Oberteil angeordnet werden können und die gespritzte Wähltrommel aus der Form herausgenommen
werden kann, ohne hierbei Formteile für die Fingeröffnungen erst zurückziehen zu müssen.

In der Zeichnung ist ein Ausführungsbeispiel der Erfindung dargestellt. Die Fig. 1 zeigt das
zylinderförmige Bedienungsglied, die sogenannte Wähltrommel des Nummernschalters in
Vorderansicht. Fig. 2 ist eine Seitenansicht der Wähltrommel von links. Fig. 3 zeigt den
Schnitt A-B der Wähltrommel und Fig. 4 den Schnitt der Wähltrommel C-D.

Die Wähltrommel mit dem Zylindermantel 1 besitzt eine Trennwand 2, welche das Innere der
Wähltrommel, wie dies aus Fig. 3 ersichtlich ist, in zwei ungleich große Räume unterteilt.
Die Mittelwand 2 hat ein zentrisch angeordnetes Loch 3 und die beiden Längslöcher 4/5
(Fig. 2 u. 4) zur Befestigung der Wähltrommel an dem nicht dargestellten drehbaren Teil des
Nummernschalters.

Ein Teil des Umfanges der Wähltrommel weist die Fingeröffnungen 6/7 auf. Die breiteste
Stelle der Fingeröffnungen 6/7, die in vorliegendem Falle muldenförmige Vertiefungen sind,
reichen bis an die Außenränder der Wähltrommel heran. Die auf der linken Seite der
Wähltrommel angeordneten Fingeröffnungen 7 sind für die ungeraden Ziffern 1-9 bestimmt,
während die auf der rechten Seite der Wähltrommel vorgesehenen Fingeröffnungen 6 für
die geraden Ziffern 2-0 bestimmt sind.

-2-

Die Unterteilung des Inneren der Wähltrommel in zwei ungleich große Räume durch die Zwischenwand 2 ist dadurch bedingt, dass die nicht dargestellten mechanischen Teile des Nummernschalters den größeren Raum beanspruchen. Die Zwischenwand 2 ist nicht geradlinig bis an die Fingeröffnung 7 herangeführt, sondern besitzt die abgewinkelte Fläche 8/9. Diese Abwinklungen sind nur unterhalb der Fingeröffnungen vorgesehen und durch die radial angeordneten Flächen 10 und 11 (Fig. 2, 4) begrenzt.

Zwischen den beiden Reihen der Fingeröffnungen 6/7 ist ein freier Raum für die Anordnung der Ziffern 1–0. Diese Ziffern können auf die beispielsweise schwarze Wähltrommel mit weißer Farbe bzw. Leuchtfarbe aufgebracht werden. Der äußere Mantel kann aber auch mit den Zahlen entsprechende Vertiefungen versehen werden, die mit weißer bzw. Leuchtfarbe ausgefüllt werden. Ein weiterer Weg zur Erstellung der Ziffern besteht darin, dass diese in einem Mehrfach-Spritzverfahren hergestellt werden, z.B. in der Weise, dass die Wähltrommel im ersten Arbeitsgang mit den Zahlen bzw. den Zeichen entsprechenden Hohlräumen gespritzt wird und diese Hohlräume in einem zweiten Arbeitsgang mit andersfarbiger Spritzmasse ausgespritzt werden. Die umgekehrte Reihenfolge ist ebenfalls anwendbar, d.h. man kann erst die Ziffern oder Zeichen spritzen und diese, die zweckmäßig durch die Stege zu einem Spritzteil zusammengefasst sind, dann in einem zweiten Arbeitsgang mit der Wähltrommel umspritzen.

Der in Fig. 3 linksseitig dargestellt weitschraffierte Raum bildet das Oberteil der Form und kann nach dem Spritzvorgang ohne Beschädigung der Wähltrommel abgehoben werden.

-3-

Der in Fig. 3 kreuzweise schraffierte Raum 13 zwischen den beiden Ziffernreihen 6 und 7 kann einmal mit Isoliermasse ausgefüllt sein. In diesem Fall kann der weitschraffierte rechte Raum in Fig. 3 das Unterteil der Spritzform bilden, das keinerlei bewegliche Teile aufweist, um nach dem Spritzvorgang die Wähltrommel aus dem Unterteil herauszunehmen.

Wird jedoch der Raum 13 als Hohlraum ausgebildet, so muss das hierfür erforderliche Formteil zur Achsmitte hin beweglich sein, damit die Wähltrommel nach dem Spritzvorgang ohne Beschädigung aus dem Unterteil herausgenommen werden kann.

-4-

Patentansprüche

1. Fernsprechstation mit Nummernschalter, dessen Bedienungsglied die Form eines Zylindermantels aufweist nach Pat....... (Anm. p 3316 VIIIa/21a3 <B> [HA]) <PA ~~13/49~~ ~~/605~~)> [HV, durchgestrichen] dadurch gekennzeichnet, dass die <> [HV, Trennung beider Worte] breiteste Stelle der Fingeröffnungen bzw. muldenförmigen Vertiefungen bis an den Rand des Zylindermantels heranreichen.

2. Fernsprechstation nach Anspruch 1, dadurch gekennzeichnet, dass die Wähltrommel aus spritzbarer Isoliermasse beispielsweise Polystyrol hergestellt ist.

3. Fernsprechstation nach Anspruch 1, dadurch gekennzeichnet, dass die muldenförmigen Vertiefungen zur Wählertrommelmitte und nach innen halbkreisförmig ausgebildet sind.

4. Fernsprechstation nach Anspruch 1, dadurch gekennzeichnet, dass die muldenförmigen Vertiefungen annähernd gleichwandig ausgeführt sind.

5. Fernsprechstation nach Anspruch 1, dadurch gekennzeichnet, dass der Raum (13) zwischen den beiden Reihen der Fingeröffnungen bzw. muldenförmigen Vertiefung (6/7) als Hohlraum ausgebildet ist.

6. Fernsprechstation nach Anspruch 1, dadurch gekennzeichnet, dass eine unterhalb der einen Ziffernreihe (7) angeordnete Zwischenwand (2) das Innere der Wähltrommel in zwei ungleich große Räume unterteilt.

-5-

600/408a S. 6

7. Fernsprechstation nach Anspruch 6, dadurch gekennzeichnet, dass die Zwischenwand (2) im Bereich der Ziffernreihe (7) abgewinkelte Zwischenwände (3-11) besitzt, durch welche unterhalb der Ziffernreihe (7) ein Hohlraum gebildet wird.

8. Fernsprechstation nach Anspruch 1, dadurch gekennzeichnet, dass zwischen den beiden Reihen der Fingeröffnungen bzw. muldenförmigen Vertiefungen (6/7) die Ziffern der Wähltrommel vorgesehen sind.

9. Fernsprechstation nach Anspruch 8, dadurch gekennzeichnet, dass die Ziffern farbig bzw. in Leuchtschrift auf die Trommel aufgebracht oder in Vertiefungen entsprechend der Ziffern ausgelegt oder im Mehrfachspritzverfahren erstellt werden.

-6-

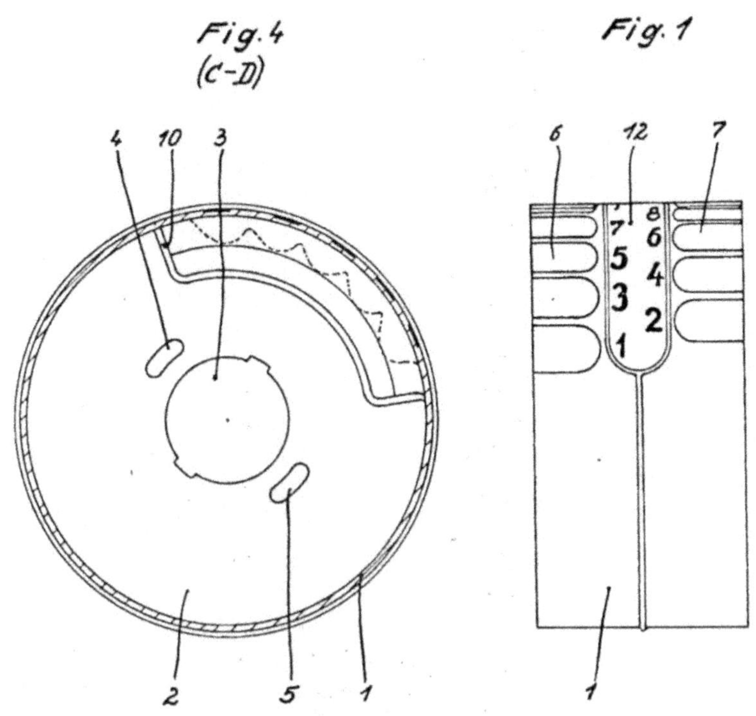

Fig. 4
(C-D)
4
10
3
2
5
1
Fig. 1
6
12
7
7
8
7
6
5
4
3
2
1
1

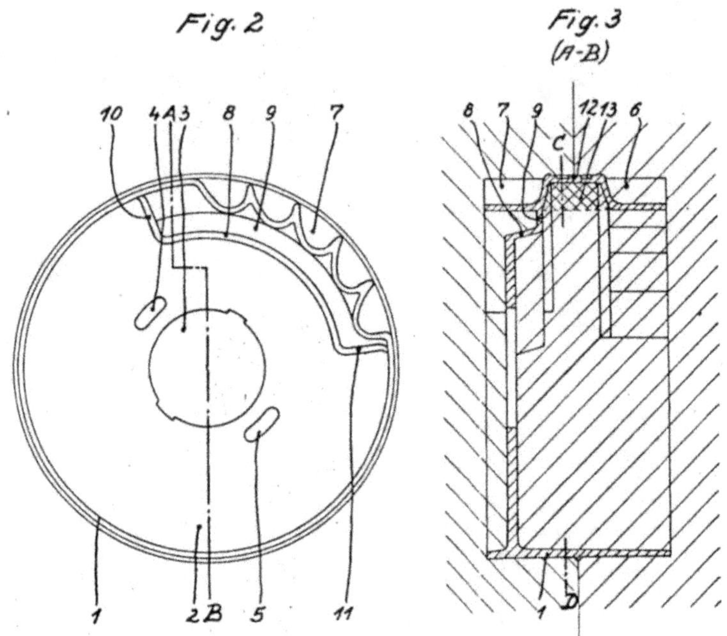

Fig. 2

Fig. 3
(A-B)

[HV, spiegelverkehrte Abbildung]

Erteilt auf Grund des Ersten Überleitungsgesetzes vom 8. Juli 1949
(WiGBl. S. 175)

BUNDESREPUBLIK DEUTSCHLAND

AUSGEGEBEN AM
22. JANUAR 1953

DEUTSCHES PATENTAMT

PATENTSCHRIFT

Nr. 864 104
KLASSE 21a^3 GRUPPE 16$_{01}$
S 23056 VIIIa/21a^3

Bernhard Jörgensen, Berlin-Siemensstadt
ist als Erfinder genannt worden

Siemens & Halske Aktiengesellschaft, Berlin und München

Fernsprechstation mit Nummernschalter

Zusatz zum Patent 852 400
Patentiert im Gebiet der Bundesrepublik Deutschland vom 9. Mai 1951 an
Das Hauptpatent hat angefangen am 24. Juni 1949
Patentanmeldung bekanntgemacht am 15. Mai 1952
Patenterteilung bekanntgemacht am 4. Dezember 1952

Das Patent 852 400 betrifft eine Fernsprechstation mit Nummernschalter, dessen Bedienungsglied die Form eines Zylindermantels aufweist, der auf einem dem Benutzer zugekehrten Teil seines Umfanges die Fingeröffnungen enthält und um seine zur Standfläche der Station parallele Achse drehbar ist.

Bei der im Hauptpatent gezeigten Ausführung sind die Fingeröffnungen runde Löcher bzw. muldenförmige Vertiefungen im Zylindermantel.

Die vorliegende Erfindung stellt eine Weiterbildung der Anordnung nach dem Hauptpatent dar und besteht darin, dass die breiteste Stelle der Fingeröffnungen bzw. der muldenförmigen Vertiefung bis an den Rand des Zylindermantels heranreicht.
Durch die erfindungsgemäße Anordnung besteht die Möglichkeit, für die Herstellung der Wähltrommel aus spritzbarem Isoliermaterial, insbesondere Polystyrol, eine Form zu verwenden, bei der die Teile der Form, welche die Fingeröffnungen bilden, fest im Unter- bzw. Oberteil angeordnet werden können und die gespritzte Wähltrommel aus der Form herausgenommen werden kann, ohne hierbei Formteile für die Fingeröffnungen erst zurückziehen zu müssen.

In der Zeichnung ist ein Ausführungsbeispiel der Erfindung dargestellt.

Fig. 1 zeigt das zylinderförmige Bedienungsglied, die sogenannte Wähltrommel des Nummernschalters in Vorderansicht;

Fig. 2 ist eine Seitenansicht der Wähltrommel von links;
Fig. 3 zeigt den Schnitt A-B der Wähltrommel und
Fig. 4 den Schnitt der Wähltrommel C-D.

Die Wähltrommel mit dem Zylindermantel 1 besitzt eine Trennwand 2, welche das Innere der Wähltrommel, wie dies aus Fig. 3 ersichtlich ist, in zwei ungleich große Räume unterteilt. Die Mittelwand 2 hat ein zentrisch angeordnetes Loch 3 und die beiden Längslöcher 4, 5 (Fig. 2 und 4) zur Befestigung der Wähltrommel an dem nicht dargestellten drehbaren Teil des Nummernschalters. Ein Teil des Umfanges der Wähltrommel weist die Fingeröffnungen 6, 7 auf. Die breiteste Stelle der Fingeröffnungen 6, 7, die in vorliegendem Falle muldenförmige Vertiefungen sind, reichen bis an die Außenränder der Wähltrommel heran. Die auf der linken Seite der Wähltrommel angeordneten Fingeröffnungen 7 sind für die ungeraden Ziffern 1 bis 9 bestimmt, während die auf der rechten Seite der Wähltrommel vorgesehenen Fingeröffnungen 6 für die geraden Ziffern 2 bis 0 bestimmt sind.

Die Unterteilung des Innern der Wähltrommel in zwei ungleich große Räume durch die Zwischenwand 2 ist dadurch bedingt, dass die nicht dargestellten mechanischen Teile des Nummernschalters den größeren Raum beanspruchen. Die Zwischenwand 2 ist nicht geradlinig bis an die Fingeröffnung 7 herangeführt, sondern besitzt die abgewinkelte Fläche 8, 9. Diese Abwinklungen sind nur unterhalb der Fingeröffnungen vorgesehen und durch die radial angeordneten Flächen 10 und 11 (Fig. 2, 4) begrenzt.

Zwischen den beiden Reihen der Fingeröffnungen 6, 7 ist ein freier Raum für die Anordnung der Ziffern 1 bis 0. Diese Ziffern können auf die beispielsweise schwarze Wähltrommel mit weißer Farbe bzw. Leuchtfarbe aufgebracht werden. Der äußere Mantel kann aber auch mit den Zahlen entsprechenden Vertiefungen versehen werden, die mit weißer bzw. Leuchtfarbe ausgefüllt werden. Ein weiterer Weg zur Erstellung der Ziffern besteht darin, dass diese in einem Mehrfachspritzverfahren hergestellt werden, z.B. in der Weise, dass die Wähltrommel im ersten Arbeitsgang mit den den Zahlen bzw. den Zeichen entsprechenden Hohlräumen gespritzt wird und diese Hohlräume in einem zweiten Arbeitsgang mit andersfarbiger Spritzmasse ausgespritzt werden. Die umgekehrte Reihenfolge ist ebenfalls anwendbar, d.h. man kann erst die Ziffern oder Zeichen spritzen und diese, die zweckmäßig durch Stege zu einem Spritzteil zusammengefasst sind, dann in einem zweiten Arbeitsgang mit der Wähltrommel umspritzen.

Der in Fig. 3 linksseitig dargestellte weitschraffierte Raum bildet das Oberteil der Form und kann nach dem Spritzvorgang ohne Beschädigung der Wähltrommel abgehoben werden.

Der in Fig. 3 kreuzweise schraffierte Raum 13 zwischen den beiden Ziffernreihen 6 und 7 kann einmal mit Isoliermasse ausgefüllt sein. In diesem Fall kann der weitschraffierte rechte Raum in Fig. 3 das Unterteil der Spritzform bilden, das keinerlei bewegliche Teile aufweist, um nach dem Spritzvorgang die Wähltrommel aus dem Unterteil herauszunehmen.

Wird jedoch der Raum 13 als Hohlraum ausgebildet, so muss das hierfür erforderliche Formteil zur Achsmitte hin beweglich sein, damit die Wähltrommel nach dem Spritzvorgang ohne Beschädigung aus dem Unterteil herausgenommen werden kann.

PATENTANSPRÜCHE:

1. Fernsprechstation mit Nummernschalter, dessen Bedienungsglied die Form eines Zylindermantels aufweist nach Patent 852 400, dadurch gekennzeichnet, dass die breiteste Stelle der Fingeröffnungen bzw. muldenförmigen Vertiefungen bis an den Rand des Zylindermantels heranreichen.

2. Fernsprechstation nach Anspruch 1, dadurch gekennzeichnet, dass die Wähltrommel aus spritzbarer Isoliermasse, beispielsweise Polystyrol, hergestellt ist.

3. Fernsprechstation nach Anspruch 1, dadurch gekennzeichnet, dass die muldenförmigen Vertiefungen zur Wähltrommelmitte und nach innen halbkreisförmig ausgebildet sind.

4. Fernsprechstation nach Anspruch 1, dadurch gekennzeichnet, dass die muldenförmigen Vertiefungen annähernd gleichwandig ausgeführt sind.

5. Fernsprechstation nach Anspruch 1, dadurch gekennzeichnet, dass der Raum (13) zwischen den beiden Reihen der Fingeröffnungen bzw. muldenförmigen Vertiefungen (6, 7) als Hohlraum ausgebildet ist.

6. Fernsprechstation nach Anspruch 1, dadurch gekennzeichnet, dass eine unterhalb der einen Ziffernreihe (7) angeordnete Zwischenwand (2) das Innere der Wähltrommel in zwei ungleich große Räume unterteilt.

7. Fernsprechstation nach Anspruch 6, dadurch gekennzeichnet, dass die Zwischenwand (2) im Bereich der Ziffernreihe (7) abgewinkelte Zwischenwände (8 bis 11) besitzt, durch welche unterhalb der Ziffernreihe (7) ein Hohlraum gebildet wird.

8. Fernsprechstation nach Anspruch 1, dadurch gekennzeichnet, dass zwischen den beiden Reihen der Fingeröffnungen bzw. muldenförmigen Vertiefungen (6, 7) die Ziffern der Wähltrommel vorgesehen sind.

9. Fernsprechstation nach Anspruch 8, dadurch gekennzeichnet, dass die Ziffern farbig bzw. in Leuchtschrift auf die Trommel aufgebracht oder in Vertiefungen entsprechend den Ziffern ausgelegt oder im Mehrfachspritzverfahren erstellt werden.

Hierzu 1 Blatt Zeichnungen

5645 1.53

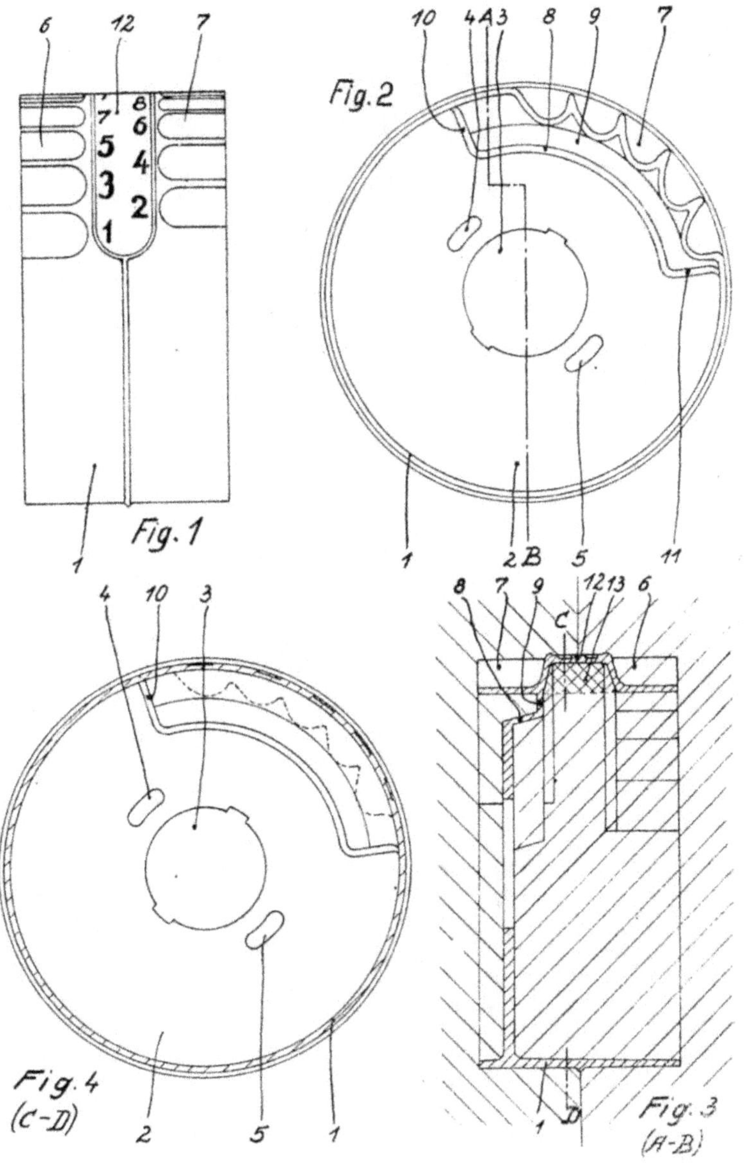

Fig. 1
Fig. 2
Fig. 3
(A-B)
Fig. 4
(C-D)

Anhang 2. Bakelit. Ein Wikipedia-Artikel.

Bakelit und **Bakelite** sind <u>Markenzeichen</u> (Warenzeichen) für diverse frühe <u>Kunststoffe</u>, ursprünglich (an 1909) der Bakelite GmbH in <u>Deutschland</u>, etwas später auch der <u>Union Carbide</u> Corporation in den <u>USA</u>. (…) Die eingetragenen Marken gehören der Hexion GmbH (…), seit Ende 2021: Bakelite GmbH.

[Auslassung einer Abb., Anm. d. Verf.]

Unter dem Namen Bakelit wurde der erste vollsynthetische, industriell produzierte <u>Kunststoff</u> (…) hergestellt und vermarktet, der 1905 vom belgischen Chemiker <u>Leo Hendrik Baekeland</u> entwickelt und nach ihm benannt wurde. Der <u>duroplastische</u> Kunststoff ist ein <u>Phenoplast</u> *[sic!]* auf der Basis von <u>Phenol</u> und <u>Formaldehyd</u>, Formteile aus diesem Kunststoff werden durch Formpressen und Aushärten eines Phenolharz-Füllstoff-Gemisches *[sic!]* in einer beheizten Form *[sic!]* hergestellt. Später wurden als Bakelite auch andere Kunststoffe vermarktet, etwa Varianten von Phenoplasten, <u>Aminoplaste</u>, <u>Epoxidharze</u> und <u>Polyesterharze</u>. (…)

[Auslassung einer Abb., Anm. d. Verf.]

Wie manch andere Kunststoffe *[sic!]* kann Bakelit auch <u>Asbest</u> beinhalten, was zu Gefahren im Umgang führen kann und eine spezielle Entsorgung erfordert. (…)
[…]

Geschichte.

Baekeland experimentierte Anfang des 20. Jahrhunderts mit Phenol und Formaldehyd. Er entdeckte, dass diese Stoffe in einer <u>exothermen Reaktion</u> zu einem <u>Kunstharz polymerisierten</u>. Nach dem Entfernen des entstehenden Wassers *[sic!]* lässt sich die noch weiche warme Masse (Pressmasse) in Formen pressen und durch Wärme und Druck härten. Für das entsprechende Verfahren wurde 1907 ein Patent erteilt. [...]

[Auslassung einer Abb., Anm. d. Verf.]

Am 5. Februar 1909 stellte Baekeland seine Entdeckung im New Yorker Club der Chemiker an der 55. Straße *[sic!]* unter dem Namen Bakelit *[sic!]* vor. [...] Bereits kurz darauf *[sic!]* berichtete man auch in Europa über

[Auslassung einer Abb., Anm. d. Verf.]

„ein verwendungsreiches Kunstprodukt (...), das dem <u>Zelluloid</u> an Bedeutung mindestens gleichkommen wird (...). Und was ist es? Ein auf künstlichem Wege hergestelltes Harz *[sic!]* von ganz hervorragenden Eigenschaften. Es ist sehr hart, härter als <u>Schellack</u> *[sic!]* und <u>Hartgummi</u>, leider nur nicht so elastisch *[sic!]* wie beide. Dafür besitzt es den Vorzug, unverbrennlich zu sein und von den meisten Säuren, z.B. verdünnter <u>Schwefelsäure</u>, nicht angegriffen zu wer-

den. Auch in heißem Wasser *[sic!]* bewahrt
es bis zu 300° seine Widerstandsfähigkeit.
(…) Lasse ich besonders dünnflüssiges Bakelit auf billiges poröses Weichholz einwir-
ken, so erhalte ich ein Holz, das durch und
durch imprägniert ist und an Härte dem
<u>Ebenholz</u> nicht nachsteht und sich ver-
dünnten Säuren, Wasser und Dampf gegenüber äußerst widerstandsfähig zeigt. In
ähnlicher Weise ist es dem Erfinder gelun-
gen, Pappe und Papier zu imprägnieren.
(…) Ob sich das Bakelit in all diesen *[sic!]*
vom Erfinder angeführten Fällen bewähren
wird, muß *[sic!]* natürlich erst die Zukunft
lehren.'

- Artikel im *Prager Tagblatt* vom 17. April
1909. (…)

Baekeland erkannte schnell die neuen Errungen-
schaften des Materials und gründete am 25. Mai
1910, zusammen mit den <u>RÜTGERS-Werken</u>, die
Bakelite GmbH in <u>Erkner</u> bei <u>Berlin</u>. (…)

<u>Phenol</u> fiel zu dieser Zeit noch in großen Mengen
als Abfallprodukt der <u>Steinkohlendestillation</u> an, und
Baekeland begann, Bakelit in großen Mengen zu
produzieren.

Nach dem <u>Zweiten Weltkrieg</u> *[sic!]* wurde das Bake-
lit-Werk in Erkner demontiert und verstaatlicht. 1948
wurde dort der <u>VEBA Plasta Erkner</u> gegründet. Die
Eigner verlegten den Firmensitz nach <u>Letmathe</u> bei

Iserlohn in die <u>Westzone</u>. 1957 begann die Phenol-harz-Produktion in <u>Duisburg-Meiderich</u>, wo seit 1959 auch <u>Epoxidharze</u> produziert werden. 1976 kam das Werk <u>Frielendorf</u> bei <u>Kassel</u> (ehemals *Hoechst* AG) hinzu. In der DDR entwickelte sich in den 1950er Jahren der *[sic!]* <u>VEB Plasta-Werke</u> in <u>Sonneberg</u> zum Leitbetrieb für phenoplastische *[sic!]* technische Formteile und Schichtpressstoffe.

Ende der 1980er Jahre begann die Bakelite AG mit dem Erwerb von Gesellschaften im europäischen Ausland.

Ende April 2005 wurde die Bakelite AG von Borden Chemical Inc. *[sic!]* mit Sitz in Ohio *[sic!]* gekauft [...]

Eigenschaften

Nach dem Abkühlen und der Aushärtung des Kunst-stoffes *[sic!]* ist dieser widerstandsfähig gegen me-chanische Einwirkungen, Hitze und Säuren. Im Ge-gensatz zu <u>Thermoplasten</u> *[sic!]* lässt sich Bakelit auch durch Erwärmen nicht wieder verformen. Es ist allerdings relativ <u>spröde</u>, so dass Gegenstände aus diesem Material, etwa beim Aufprall auf den Boden, zerspringen können.

Phenolharze neigen zum Nachdunkeln und sind da-her meist dunkelbraun oder schwarz eingefärbt. [...]
In den Pressmassen enthalten sind zudem Zu-schlagstoffe, wie <u>Holzmehl</u>, Gesteinsmehl oder Tex-tilfasern, wodurch eine farbliche <u>Marmorisierung</u> entstehen kann. Bakelit ist auch sehr langlebig. Im

Zweiten Weltkrieg verlor *[sic!]* wahrscheinlich die U.S. Navy *[sic!]* ein Bauteil aus Bakelit *[sic!]* mit der Aufschrift VP-101. Es trieb möglicherweise 60 Jahre im Müllstrudel des Pazifik *[sic!]*, bevor es von einem Laysanalbatros verschluckt wurde. [...]

Verwendung

Nach dem Auslauf des ‚Druck-Wärme'-Patents *[sic!]* im Jahre 1927 *[sic!]* verbreitete sich die Produktionsweise schnell – in den 1930er Jahren gab es bereits mehrere hundert Presswerke und Hersteller von Phenolharzpressmassen in Deutschland. Wesentlich war dabei die ‚Typisierung' der Pressmassen und der Presswerkserzeugnisse durch einen Verein der Hersteller.

Produkte aus Bakelit sind Haushalts und Küchengegenstände (Griffe für Fenster, Türen, Pfannen und Kochtöpfe, Waffeleisen), Telefone (Modell W48), Ziergegenstände, Modeschmuck, Waffen (Beschläge), Büroartikel, Lichtschalter- und Steckdosen-Gehäuse, Gleiskörper für Modelleisenbahnen von Trix Express (1935 bis 1955), Gehäuse für Geräte, Radios und Transformatoren *[sic!]* sowie generell für elektrisches und thermisches Isolationsmaterial. Diese Eigenschaften prädestinieren Bakelit zum Einsatz in Kraftfahrzeugen (Zündspulen- und Zündkerzenstecker, Verteilerkappen, Isolierung von Vergasern und Kraftstoffpumpen gegenüber heißen Motorbauteilen). Karosserieteile des Trabants bestanden aus Baumwoll-faserverstärktem *[sic!]* Phenolharz.

Bakelit diente in eingefärbter Form *[sic!]* unter anderem *[sic!]* als Schmuckstein-, Bernstein- und Elfenbeinersatz. Das statt Elfenbein verwendete Bakelit *[sic!]* kam unter dem Namen ‚Ivorine' in den Handel. (...)

<u>Phenol-Formaldehydharz</u> wird noch verwendet, wenn mechanische und thermische Belastbarkeit, eine geringe Entflammbarkeit und chemische Beständigkeit gefordert ist *[sic!]*, zum Beispiel in Schleifscheiben, Reibbelägen, Filterpapieren, Feuerfest-Materialien, <u>Isolationsmaterialien</u>, Maschinen-Bedienelementen und zur Imprägnierung *[sic!]* beziehungsweise Tränkung von Holz- und Papierwerkstoffen (Leiterplatten).

Ähnliche Werkstoffe werden als <u>Hitzeschild</u> eingesetzt. Produkte aus Bakelit sind wegen ihres Designs und ihrer Bedeutung für die Alltagskultur und die Industriegeschichte *[sic!]* vielfach gesuchte Sammlerstücke. Liebhaber behaupten, dass Bakelit *[sic!]* im Gegensatz zu modernen Kunststoffen *[sic!]* ein besseres Griffgefühl erzeuge."

Bibliografische Angaben für „Bakelit".	
Seitentitel:	Bakelit
Herausgeber:	Wikipedia – Die freie Enzyklopädie
Autor(en):	Wikipedia-Autoren, siehe Versionsgeschichte
Datum der letzten Bearbeitung:	06. Juli 2024, 21:09 UTC
Versions-ID der Seite:	246526395
Permanentlink:	https://de.wikipedia.org/w/index.php?title=Bakelit&oldid=246526395
Datum des Abrufs:	11. Juli 2024, 15:44 UTC
Unterstreichungen:	Sind im Originaltext blau markiert, um Verlinkungen anzuzeigen. Diese Verlinkungen wurden ausgelassen.
Textinterne Fußnoten:	Werden ausgelassen und durch drei hochgestellte Punkte in runder Klammer als Auslassung gekennzeichnet: (…) Die sonst übliche eckige Klammer zur Kennzeichnung externer Veränderungen, wurde hier durch eine runde Klammer ersetzt, da sich im Originaltext bereits eckige Klammern befinden.

Anhang 3. Siemens-Codes für Trommelwähler.

Siemens hatte besondere „Geheimzeichen" für seine Herstellungsorte, - jahre und -monate.

Auf dem Chassisboden der Telefone (am unteren, äußeren Boden), steht dann z.B.

11 L 10

Der Produktionsort wird in diesem Beispiel mit einer

11

für Bocholt ausgewiesen.

Für die Herstellungszeit des Trommelwählers (von 1950-1955, ca. 50.000 Stück), wären das die Buchstaben F-L, die in der Codetabelle für diese Jahre stehen. So lautet der Code für einen Trommelwähler aus dem Jahr 1955.

L

Der Herstellungsmonat mit den Zahlen 1-12 (für Jan – Dez.), hier z.B.

10

Insgesamt also: Bocholt, 1955 im Oktober.

Ich habe persönlich keinen Trommelwähler gesehen, der nicht in Bocholt gebaut worden wäre.

Anhang 4.	Bildquellen
Seite 1	
Nr. Abbildung	**Art + Herkunft der Abbildung**
Cover	Aus dem Privatbesitz und mit Genehmigung von Heinz Jakob.
Abb. 1-5	Aus dem Privatbesitz des Autors.
Abb. 6	Aus dem Privatbesitz und mit Genehmigung von Heinz Jakob.
Abb. 7-15	Aus dem Privatbesitz des Autors.
Abb. 16	Openai ChatGPT 2024 / Modell X = GPT-4 (chat-gptx.de), Antwort an Autor auf die Anfrage: Stelle eine rechteckige weiße Kunststofffläche vor, auf der Ziffern 1, 2, 3, 4, 5, 6, 7, 8, 9, 0 erhaben aufgestanzt sind Persönliche Kommunikation, 10. Juni 2024. ChatGPT 4, Nr. 1717953677.png **Bezeichnung fürs Buch: Basisfläche mit erhabenen Ziffern.**
Abb. 17	Openai ChatGPT 2024 / Modell X = GPT-4 (chat-gptx.de), Antwort an Autor auf die Anfrage: „Eine rechteckige schwarze Fläche mit einem eingestanzten Loch in Form der Ziffer 2." Persönliche Kommunikation, 09. Juni 2024. ChatGPT 4, Nr. 1717954563.png **Bezeichnung fürs Buch: Ziffer mit Loch.**
Abb. 18-24	Aus dem Privatbesitz des Autors.

Anhang 4.	Bildquellen
Seite 2	
Nr. Abbildung	**Art + Herkunft der Abbildung**
Abb. 25	Deutsches Marken- und Patentamt, Patent Nr. 06: DE864104B, DEPATIS: DE000000864104B
Abb. 26-45	Aus dem Privatbesitz des Autors.

www.ingramcontent.com/pod-product-compliance
Lightning Source LLC
La Vergne TN
LVHW021710210726
843510LV00015B/1223